Donatien Ntawuruhunga

O CAP dos agricultores em relação aos legumes indígenas africanos no Quénia

Donatien Ntawuruhunga

O CAP dos agricultores em relação aos legumes indígenas africanos no Quénia

ScienciaScripts

Imprint

Any brand names and product names mentioned in this book are subject to trademark, brand or patent protection and are trademarks or registered trademarks of their respective holders. The use of brand names, product names, common names, trade names, product descriptions etc. even without a particular marking in this work is in no way to be construed to mean that such names may be regarded as unrestricted in respect of trademark and brand protection legislation and could thus be used by anyone.

Cover image: www.ingimage.com

This book is a translation from the original published under ISBN 978-3-659-63468-0.

Publisher:
Sciencia Scripts
is a trademark of
Dodo Books Indian Ocean Ltd. and OmniScriptum S.R.L publishing group

120 High Road, East Finchley, London, N2 9ED, United Kingdom
Str. Armeneasca 28/1, office 1, Chisinau MD-2012, Republic of Moldova, Europe
Printed at: see last page
ISBN: 978-620-7-71044-7

ÍNDICE

DEDICAÇÃO

"Este livro é dedicado ao meu falecido pai e à minha mãe pelo seu inabalável apoio e encorajamento na minha educação e por me terem ensinado as virtudes da resiliência, do trabalho árduo, da excelência, da humildade, da honestidade e da integridade em tenra idade

E

À minha amada esposa e filhos queridos pelo seu amor, apoio, compreensão, paciência e orações durante toda a minha investigação científica"

Nairobi, Universidade de Agricultura e Tecnologia Jomo Kenyatta, Tese, 2016

RECONHECIMENTO

Esta investigação foi realizada com o apoio financeiro da bolsa RUFORUM (Regional Universities Forum for Capacity Building in Agriculture) e do Ministério Federal para a Cooperação e Desenvolvimento Económico, Alemanha (BMZ), através da Empresa Federal Alemã para a Cooperação Internacional (GIZ) (Grant Number: 13.1432.7-001.00; Contract Number: 81170265), implementado no Centro Internacional de Fisiologia e Ecologia de Insectos (ICIPE). Estou muito grato a estas duas instituições.

Reconheço o papel desempenhado pela Universidade de Agricultura e Tecnologia Jomo Kenyatta na facilitação dos meus estudos de mestrado. Os meus agradecimentos especiais e o meu apreço vão para os meus supervisores universitários, Professora Mary O. Abukutsa-Onyango e Professor Losenge Turoop, e para os supervisores do ICIPE, Dr. Hippolyte Djossè Affognon, Dr. Komi Kouma Mokpokpo Fiaboe e Dr. Menale Kassie, pelo seu apoio inabalável durante todo o processo de investigação.

A minha gratidão vai também para as autoridades locais dos condados de Busia, Nyamira e Machakos, no Quénia, que permitiram que este estudo fosse realizado nas suas áreas de jurisdição, para todos os presidentes de aldeia e agricultores que me facilitaram e ajudaram durante o processo de recolha de dados. À equipa de assistentes de investigação, Micah Nandukule, Ibrahim Ochenje e Shadeya Akundabweni, que juntos percorremos a pé quilómetros e quilómetros no terreno em busca de informações sobre os agricultores, agradeço o vosso empenho e entusiasmo nesta tarefa.

A equipa do ICIPE não pode deixar de ser mencionada; especialmente Carolyne Akal, Cynthia Opany, Peter Mburu, Lisa Omondi, Gladys Nyaribo e Edoh O. Kukom. Obrigado pelo vosso apoio de diferentes formas. Em suma, a nossa maior gratidão vai para o Deus Celestial Todo-Poderoso que torna tudo possível.

LISTA DE ABREVIATURAS E ACRÓNIMOS

AIVs	African Indigenous Vegetables
ASAL	Arid and Semi-Arid Land
CI	Confidence Interval
DAP	Diammonium Phosphate
FAO	Food and Agriculture Organization of the United Nations
FFS	Farmer Field School
FGDs	Focus Group Discussions
GDP	Gross Domestic Product
GPS	Global Positioning System
HIV/AIDS	Human Immunodeficiency Virus/Acquired Immune Deficiency Syndrome
ICIPE	International Centre of Insect Physiology and Ecology
ICRISAT	International Crops Research Institute for the Semi-Arid Tropics
IDAF	Integrated Development of Artisanal Fisheries
JKUAT	Jomo Kenyatta University of Agriculture and Technology
KALRO	Kenya Agriculture and Livestock Research Organization
KAP	Knowledge, Attitude and Practice
M.A.S.L	Meter Above Sea Level
NPK	Nitrogen Phosphorus and Potassium
SD	Standard Deviation
WHO	World Health Organization

CAPÍTULO 1

1.0 INTRODUÇÃO

1.1 Informações gerais

A insegurança alimentar e nutricional tem sido um grande desafio na África Subsariana (ASS) (Fanzo, 2012). Com a fronteira terrestre a aproximar-se, os agricultores da ASS têm de intensificar e diversificar a produção alimentar para aliviar a insegurança alimentar e nutricional. Face às alterações climáticas, os legumes indígenas africanos (AIV) podem oferecer oportunidades para diversificar os sistemas de produção e melhorar a segurança alimentar, nutricional e de rendimentos em muitos países da ASS (Agriculture for impact 2013). Os AIVs fazem parte dos sistemas alimentares na ASS há gerações (Muhanji *et al.*, 2011). Os AIV são conhecidos pela sua importância no fornecimento de alimentos nutritivos, tanto nas zonas rurais como urbanas (Ngugi *et al.*, 2007).

Além disso, é amplamente aceite que os AIV são recursos importantes para colmatar as lacunas nutricionais e apoiar os meios de subsistência rurais e urbanos das populações da ASS (Chweya & Eyzaguirre, 1999). Desempenham um papel muito significativo na segurança alimentar dos mais desfavorecidos, tanto nos meios urbanos como rurais (Schippers, 1997). Apesar do seu potencial, a importância dos AIV na redução da insegurança alimentar, nutricional e económica não é totalmente explorada no Quénia (Abukutsa-Onyango, 2007). Além disso, até há pouco tempo, os esforços de investigação e desenvolvimento eram menores e a informação sobre os conhecimentos, atitudes e percepções dos agricultores relativamente aos AIV era limitada.

1.2 Declaração do problema

Na sua investigação, Abukutsa-Onyango (2014) afirma que "das pessoas que vivem na África Subsariana, 30% são obesas e esta pandemia está a aumentar 40% a cada 10 anos". Cerca de 44% do peso da diabetes, 23% do peso das doenças cardíacas e 41% do peso do cancro são atribuídos à obesidade. Se a obesidade não for controlada, as complicações cardiovasculares relacionadas com a obesidade serão a principal causa de morte na África Subsariana até ao ano 2020 (Dalal *et al.,* 2011; Staggers-Hakim, 2012). A investigação mostra que a atividade física tem muitos benefícios comprovados, mas pode não ser a chave para travar a epidemia de obesidade. As principais causas da obesidade são o consumo de alimentos ricos em gorduras e açúcares extraídos, juntamente com o consumo de quantidades inadequadas de legumes e frutas (Dalal *et al.,* 2011).

Por exemplo, o consumo recomendado de legumes e frutas pela Organização Mundial de Saúde (OMS) é de 73 kg/pessoa/ano (FAO/OMS, 2004). Em África, estima-se que o consumo médio regional de legumes e frutas seja de cerca de 30 kg/pessoa/ano, o que representa menos de metade da quantidade recomendada pela OMS. Os legumes são componentes importantes de um regime alimentar saudável e, se consumidos diariamente em quantidade suficiente, podem reduzir as principais doenças e contribuir para a segurança alimentar das famílias.

A produção sustentável de produtos hortícolas é uma atividade de risco relativamente elevado e de custo elevado por hectare, que exige uma gestão intensiva (Frank & Roland, 2011). Os horticultores de sucesso gerem o capital e o marketing de forma competente. Os produtores concebem e implementam sistemas de cultura que incluem a seleção de culturas e variedades, a rotação de culturas, a fertilização do solo, a seleção da terra, a lavoura, a gestão integrada de pragas (controlo de insectos, doenças e ervas daninhas), a produção e/ou utilização de transplantes, a preparação da cama de sementes, a sementeira, a irrigação, a gestão de quebra-ventos, a polinização (gestão de abelhas), a colheita, o manuseamento e a embalagem e as vendas. A produção de produtos hortícolas difere de outras empresas de produção vegetal. Estas culturas são perecíveis por natureza, devem estar isentas de defeitos e têm uma janela de mercado estreita. Consequentemente, as operações culturais devem ser realizadas de forma mais precisa e atempada para fornecer produtos de alta qualidade aos mercados dentro do prazo (Frank *et al,* 2009).

O uso de alimentos silvestres faz parte da rede de segurança que as pessoas rurais usam para lidar com a pobreza, desastres e stress dos meios de subsistência. Durante os períodos de seca, ou quando o ganha-pão do agregado familiar fica desempregado, as famílias rurais afectadas intensificam a sua recolha e consumo de alimentos silvestres. As perturbações sociais também podem levar a um aumento do uso de alimentos silvestres. Nas comunidades rurais pobres, o consumo de alimentos silvestres é particularmente importante para as mulheres e as crianças. A utilização de alimentos silvestres é também reforçada pelo afastamento, uma vez que as famílias das zonas rurais remotas têm um acesso limitado aos mercados de produtos frescos. Os agregados familiares urbanos utilizam menos os vegetais de folha colhidos na natureza do que os agregados familiares rurais, porque não têm acesso a locais onde estes vegetais crescem naturalmente (Jansen *et al.*, 2007).

Relatórios anteriores indicam que os AIV contêm níveis elevados de minerais, especialmente cálcio, ferro e fósforo (Chweya & Nameus, 1997). Os legumes de folha africana têm sido documentados como tendo um elevado valor nutritivo, com altos teores de vitamina A e C, minerais e proteínas suplementares; a maioria destes legumes tem propriedades medicinais (Abukutsa-Onyango, 2010). Os AIV estão bem adaptados a condições climáticas adversas e à infestação de doenças e são mais fáceis de cultivar em comparação com os seus homólogos exóticos. Os AIV podem produzir sementes em condições tropicais, ao contrário dos vegetais exóticos. Têm um período de crescimento curto, estando a maior parte deles prontos para a colheita em 3-4 semanas, e respondem muito bem aos fertilizantes orgânicos. A maior parte deles tem uma capacidade inata de suportar e tolerar algumas tensões bióticas e abióticas. Podem também desenvolver-se em condições de cultivo sustentáveis e respeitadoras do ambiente, como a consociação de culturas e a utilização de produtos biológicos. Os AIV têm um potencial considerável como fonte de rendimento, permitindo que as pessoas mais pobres das comunidades rurais ganhem a vida, especialmente as mulheres agricultoras.

Tem havido um subinvestimento substancial e a longo prazo na investigação e desenvolvimento do sector hortícola em África, com especial referência aos AIV, que são naturalmente ricos em vitaminas e minerais nutritivos (Afari-Sefa *et al.*, 2012). Os AIV não foram totalmente explorados para a segurança alimentar, nutricional e económica, numa tentativa de aliviar a pobreza no Quénia e na região do Lago Vitória (Abukutsa-Onyango, 2007). As experiências passadas e presentes revelam que a insegurança alimentar dos agregados familiares é um problema grave e recorrente para os pequenos agricultores quenianos, para os quais são frequentes os períodos de fome e/ou as deficiências nutricionais (Figueroa et al., 2009). O potencial nutricional dos AIV é relativamente inexplorado (Chelang'a et al., 2013) e há uma escassez de conhecimentos sobre se os AIV oferecem uma via alternativa para combater a pobreza das pessoas mais vulneráveis nas zonas rurais do Quénia. Além disso, até há pouco tempo, os esforços de investigação e desenvolvimento eram menores e as informações sobre os conhecimentos, atitudes e percepções dos agricultores relativamente aos AIV eram limitadas.

Numerosos relatórios indicam que a popularidade de muitas espécies de AIV está a diminuir em todo o continente africano subsariano (Vorster et al., 2007; Vuyiswa et al., 2012; Nekesa & Meso, 1997; Smith & Eyzaguirre, 2007). No Quénia, embora a área dedicada à produção de AIV e o rendimento gerado pelos AIV tenham mostrado uma tendência crescente, a situação atual da produção de AIV é baixa em comparação com os seus homólogos exóticos.

Tabela 1.1: Desempenho do sector por categoria, 2011-2013

	2011			2012			2013			% share by value
	Area (Ha)	Quantity (MT)	Value(Ksh)	Area (Ha)	Quantity (MT)	Value(Ksh)	Area (Ha)	Quantity (MT)	Value(Ksh)	
Exotic vegetables	219,431	3,218,429	1,111,790,320	216,108	3,221,225	52,134,985,917	252,651	4,202,393	65,992,794,954	37
Fruits	131,467	2,266,861	773,162,198	148,295	2,405,750	40,633,144,688	159,666	2,728,273	48,913,451,055	28
Flowers	3,349	121,891,436	44,506,056,083	5,086	123,510,784	42,872,537,453	6,239	124,858,139	46,333,368,752	26
Nuts	65,177	133,544	5,776,017,714	67,597	152,224	7,349,496,827	81,568	204,338	7,415,729,104	4
MAPs	12,942	80,980	160,686,400	14,882	85,885	303,044,004	17,732	95,307	4,538,970,850	3
Indigenous vegetables	31,354	132,614	2,437,075,543	36,133	168,153	3,538,456,172	85,550	176,736	3,579,241,367	2
Asian vegetables	1,239	13,627	352,338,935	1,397	17,727	1,220,482,162	1,932	18,139	539,287,917	0
Totals	464,959	127,737,491	55,117,127,193	489,498	129,561,748	148,052,147,223	605,338	132,283,325	177,312,843,999	100

Fonte: Ministério da Agricultura, 2013

Cerca de 85 550ha de terras agrícolas foram atribuídos a AIVs em 2013, com um rendimento em toneladas métricas de 176 736 MT e o valor interno total ascendeu a

3,579 mil milhões de xelins do Quénia (41,4 milhões de USD) (Banco Central do Quénia, taxas de câmbio de 31/12/2013). A área atribuída à produção de vegetais exóticos em 2013 foi de 252.651ha com um rendimento em toneladas métricas de 4.202.393MT e as receitas totais ascenderam a 65,992 mil milhões de xelins do Quénia (KSH) (763,755 milhões de USD). Do valor total dos produtos hortícolas, os AIV, os produtos hortícolas exóticos e os produtos hortícolas asiáticos representam 5%, 94% e 1%, respetivamente (Alberto, 2015).

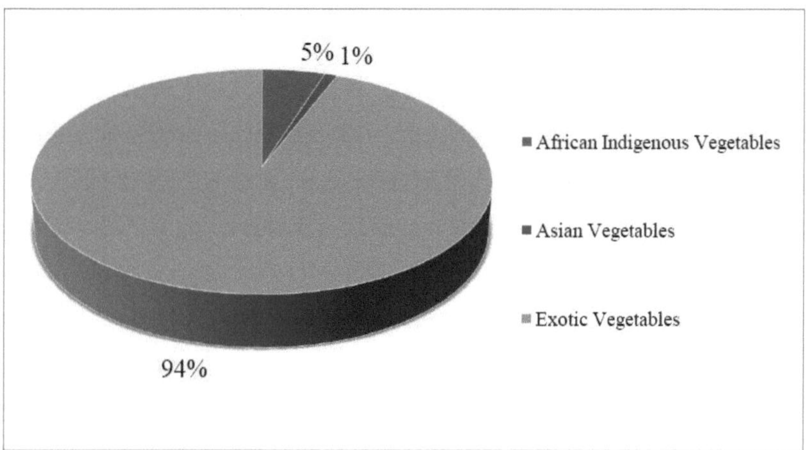

Figura 1.1: Percentagem de legumes indígenas africanos na produção hortícola por valor no Quénia (Fonte: KALRO, 2013)

Por conseguinte, é importante compreender a causa do baixo desempenho dos AIV no sector hortícola e na economia do país.

1.3 Objectivos do estudo

1.3.1 Objetivo geral do estudo

O objetivo geral deste estudo foi investigar os conhecimentos, a perceção ou atitude e as práticas (CAP) dos produtores de AIV nos condados de Busia, Nyamira e Machakos, no Quénia.

1.3.2 Objectivos específicos

Os objectivos específicos deste estudo são os seguintes

1. Avaliar os conhecimentos, atitudes e práticas dos produtores de AIVs nos condados de Busia, Nyamira e Machakos.

2. Analisar os factores que influenciam os conhecimentos, as atitudes e as práticas dos agricultores na produção de AIV.

1.4 Justificação do estudo

A baixa produtividade e o baixo desempenho dos AIV no sector hortícola queniano constituem uma ameaça à segurança alimentar e ao equilíbrio nutricional e ao bem-estar das populações rurais e urbanas. Os AIV são reconhecidos como componentes alimentares vitais devido aos seus atributos de promoção e proteção da saúde e ao seu valor potencial para aumentar o rendimento. Para sustentar a produção, é necessário garantir que os pequenos agricultores compreendam os benefícios dos AIV e a sua posição na cadeia de valor da horticultura. Serão os pequenos agricultores capazes de manter a sua posição na cadeia de valor da horticultura? Para compreender estas implicações, é necessário que os investigadores agrícolas se concentrem na resolução dos problemas enfrentados pelos agricultores de AIVs e garantam que as suas descobertas têm impacto tanto nas explorações agrícolas como nos mercados. Para tal, é necessário avaliar o nível de consciencialização, identificar as oportunidades e os constrangimentos enfrentados pelos agricultores de AIVs e a sua influência na produção.

A compreensão do CAP dos agricultores orientará os investigadores e os decisores políticos no desenvolvimento de tecnologias e na formulação de políticas destinadas a melhorar o desempenho da produção de AIV, a fim de ter um impacto positivo nos meios de subsistência dos agricultores.

1.5 Âmbito do estudo

T Esta investigação teve como alvo os agricultores de AIVs nos condados de Busia, Nyamira e Machakos, no Quénia. Estes três locais inserem-se em três zonas agro-ecológicas diferentes do Quénia, desde a zona agro-alpina (Nyamira), a zona de potencial médio (Busia) e a zona semi-árida (Machakos).

1.6 Limitações do estudo

O estudo deparou-se com a limitação de financiamento suficiente, de acordo com o plano, quando a investigação devia ser efectuada em zonas rurais onde a rede rodoviária era deficiente. Por conseguinte, não foram organizadas discussões em grupo e a investigação optou por entrevistas não estruturadas com pessoas focais em cada região.

CAPÍTULO 2

2.0 REVISÃO DA LITERATURA

2.1 KAP

CAP significa Conhecimento, Atitude e Prática. É utilizado para investigar o comportamento humano relativamente a um tópico:

- O que os inquiridos sabem sobre o assunto (K)
- O que os inquiridos pensam sobre o assunto (A)
- O que os inquiridos fazem a este respeito (P)

(IDAF, 1994)

De acordo com Wood & Tsu (2008), um inquérito CAP é um estudo representativo de uma população específica para recolher informações sobre o que se sabe, acredita e faz em relação a um determinado tópico. O inquérito KAP foi desenvolvido nos anos 50 e foi originalmente concebido para investigar o planeamento familiar no Terceiro Mundo. Estes inquéritos por amostragem foram muito populares durante os anos cinquenta e sessenta: várias centenas de estudos CAP foram realizados em várias dezenas de países (Bulmer & Warwick, 1998).

Na literatura, podem encontrar-se três objectivos diferentes para os estudos CAP. O primeiro objetivo é avaliar o CAP em relação a um conceito. O segundo objetivo é utilizá-lo para identificar problemas e planear intervenções. Em terceiro lugar, os estudos CAP podem ser utilizados como uma ferramenta de avaliação (Vandamme, 2009). Os inquéritos CAP podem ser utilizados como uma ferramenta para a identificação de problemas e o planeamento da intervenção.

Num artigo de Swanson *et al.* (1994) é explicado o programa metodológico da Campanha Estratégica de Extensão (SEC). Este programa prevê o recurso a uma análise primária, baseada numa avaliação participativa das necessidades para a identificação dos problemas do público-alvo, com vista ao desenvolvimento de estratégias e tácticas de intervenção adequadas para aumentar a produtividade agrícola.

O programa SEC segue uma abordagem sistémica: começa com um inquérito sobre conhecimentos, atitudes e práticas (CAP) dos agricultores, cujos resultados são utilizados como contributos para o planeamento e como referência. Além disso, um inquérito CAP é geralmente utilizado para identificar e descrever elementos críticos, atitudes negativas e razões para a não adoção de uma tecnologia recomendada.

2.2 Tipos e qualidades do conhecimento

Na literatura sobre aprendizagem e ensino, o conhecimento desempenha um papel central e é-lhe atribuída uma grande variedade de propriedades e qualidades. Entre os exemplos encontrados contam-se o conhecimento genérico (ou geral) e o conhecimento específico do domínio, o conhecimento concreto e o conhecimento abstrato, o conhecimento formal e o conhecimento informal, o conhecimento declarativo e o conhecimento processual, o conhecimento concetual e o conhecimento processual, o conhecimento elaborado e o conhecimento compilado, o conhecimento não estruturado e o conhecimento (altamente) estruturado, o conhecimento tácito ou inerte, o conhecimento estratégico, a aquisição de conhecimentos, o conhecimento situado e o metaconhecimento (Ton de Jona *et al.*, 1996).

2.2.1 Tipos de conhecimento

Têm sido feitas tentativas frequentes para descrever sistematicamente o conhecimento. Algumas tentativas basearam-se em teorias cognitivas, enquanto outras foram formuladas para servir de base à teoria da conceção pedagógica. Uma outra abordagem consiste em caraterizar o conhecimento de um ponto de vista epistemológico. Isto implica que os elementos da base de conhecimentos são caracterizados pela função que desempenham no desempenho de uma tarefa-alvo (Ton de Jona *et al.*, 1996).

Ton de Jona *et al.* (996) distinguem quatro tipos de conhecimento:

- **O conhecimento situacional** é o conhecimento das situações tal como elas se apresentam normalmente num determinado domínio. O conhecimento das situações problemáticas permite ao solucionador filtrar as características relevantes do enunciado do problema (perceção selectiva) e, se necessário, complementar a informação contida no enunciado. Pode servir para criar uma representação do problema a partir da qual, se a organização dos conhecimentos for adequada, podem ser invocados conhecimentos adicionais (conceptuais, processuais).

■ **O conhecimento concetual** é um conhecimento estático sobre factos, conceitos e princípios que se aplicam num determinado domínio. Os conhecimentos conceptuais funcionam como informação adicional que os solucionadores de problemas acrescentam ao problema e que utilizam para o resolver.

■ **O conhecimento processual** contém acções ou manipulações que são válidas num domínio. O conhecimento processual ajuda o solucionador de problemas a fazer transições de um estado de problema para outro. Pode ter um carácter específico, ligado ao domínio (forte), ou pode ser mais geral (fraco).

■ **O conhecimento estratégico** ajuda os alunos a organizar o seu processo de resolução de problemas, indicando as etapas que devem percorrer para chegar a uma solução. Uma estratégia pode ser vista como um plano geral de ação no qual se estabelece uma sequência de actividades de solução. Os elementos de conhecimento pertencentes aos três primeiros tipos são específicos, aplicáveis a certos tipos de problemas num domínio, enquanto o último tipo, o conhecimento estratégico, é aplicado a uma maior variedade de tipos de problemas num domínio (Ton de Jona *et al.,* 1996).

2.2.2 Qualidades do conhecimento

É utilizado um grande número de conceitos para descrever as qualidades do conhecimento: Genérico, abstrato, informal, elaborado e estruturado, são apenas alguns exemplos.

Algumas qualidades referem-se a relações entre tipos de conhecimentos, enquanto outras se referem a tipos propriamente ditos (Ton de Jona *et al.,* 1996).

2.3 Formação de atitudes

Como é que as atitudes se formam? A formação de atitudes é o resultado da aprendizagem, da modelação dos outros e das nossas experiências directas com pessoas e situações. As atitudes influenciam as nossas decisões, orientam o nosso comportamento e têm impacto naquilo de que nos lembramos seletivamente (nem sempre o mesmo que ouvimos). As atitudes têm diferentes pontos fortes e, tal como a maioria das coisas que são aprendidas ou influenciadas através da experiência, podem ser medidas e podem ser alteradas (Allport, 1935).

2.3.1 Medição de atitudes

Talvez a forma mais direta de conhecer as atitudes de alguém seja perguntar-lhe. No entanto, as atitudes estão relacionadas com a autoimagem e a aceitação social (ou seja, funções de atitude). A fim de preservar uma autoimagem positiva, as respostas das pessoas podem ser afectadas pela desejabilidade social. Podem não dizer as suas verdadeiras atitudes, mas responder de uma forma que lhes pareça socialmente aceitável. Perante este problema, foram desenvolvidos vários métodos de medição das atitudes. No entanto, todos eles têm limitações. Em particular, as diferentes medidas centram-se em diferentes componentes das atitudes - cognitivas, afectivas e comportamentais - e, como sabemos, estas componentes não coincidem necessariamente (http://www.simplypsychology.org/attitude-measurement.html acedido em 18/12/2014).

A medição das atitudes pode ser dividida em duas categorias básicas:

o **Medição direta** (escala de likert e diferencial semântico);

o **Medição indireta** (técnicas projectivas).

A. Escala de Likert

Foram desenvolvidos vários tipos de escalas de avaliação para medir diretamente as atitudes (ou seja, a pessoa sabe que a sua atitude está a ser estudada). A mais utilizada é a escala de Likert. Likert (1932) desenvolveu o princípio de medir as atitudes pedindo às pessoas que respondam a uma série de afirmações sobre um tópico, em termos do grau de concordância com as mesmas, explorando assim as componentes cognitivas e afectivas das atitudes.

As escalas do tipo Likert ou de frequência utilizam formatos de resposta de escolha fixa e são concebidas para medir atitudes ou opiniões (Bowling, 1997; Burns & Grove,

1997). Estas escalas ordinais medem os níveis de concordância/discordância.

Uma escala de tipo Likert parte do princípio de que a força/intensidade da experiência é linear, ou seja, num contínuo de concordo totalmente a discordo totalmente, e parte do princípio de que as atitudes podem ser medidas. Pode ser oferecida aos inquiridos uma escolha de cinco a sete ou mesmo nove respostas pré-codificadas, sendo que o ponto neutro é *nem concordar nem discordar.*

Na sua forma final, a Escala de Likert é uma escala de cinco (ou sete) pontos que é utilizada para permitir que o indivíduo expresse o quanto concorda ou discorda de uma determinada afirmação. Cada uma das cinco (ou sete) respostas teria um valor numérico que seria utilizado para medir a atitude sob investigação (http://www.simplypsychology.org/likert-scale.html acedido em 18/12/2014).

*** Análise de dados da escala de Likert**

Uma forma de analisar dados da Escala de Likert:

- ✓ Resumir utilizando uma mediana ou uma moda (não uma média); a moda é provavelmente a mais adequada para uma interpretação fácil.

- ✓ Apresentar a distribuição das observações num gráfico de barras (não pode ser um histograma, porque os dados não são contínuos).

✚ Avaliação crítica

As escalas de Likert têm a **vantagem** de não esperarem uma resposta simples de "sim" ou "não" do inquirido, mas de permitirem graus de opinião, ou mesmo a ausência de opinião. Por conseguinte, são obtidos dados quantitativos, o que significa que os dados podem ser analisados com relativa facilidade.

No entanto, como em todos os inquéritos, a validade da medição de atitudes através da escala de Likert pode ser comprometida devido à **desejabilidade social.** Isto significa que os indivíduos podem mentir para se colocarem numa posição positiva. Por exemplo, se uma escala de Likert estivesse a medir a discriminação, quem admitiria ser racista? (http://www.simplypsychology.org/likert-scale.html acedido em 18/12/2014).

A oferta de **anonimato** nos questionários auto-administrados deverá reduzir ainda mais a pressão social e, por conseguinte, poderá também reduzir o enviesamento da desejabilidade social. Paulhus (1984) verificou que as características de personalidade mais desejáveis eram relatadas quando se pedia às pessoas que escrevessem os seus nomes, endereços e números de telefone no questionário do que quando se lhes pedia que não colocassem informações de identificação no questionário.

B. Diferencial semântico

A técnica do diferencial semântico de Osgood *et al.* (1957) pede a uma pessoa que classifique uma questão ou um tópico com base num conjunto padrão de **adjectivos bipolares** (ou seja, com significados opostos), cada um representando uma **escala de sete pontos.** Este é um método direto de medição de atitudes e produz dados quantitativos. Para preparar uma escala de diferencial semântico, é necessário começar por pensar num certo número de palavras com significados opostos que sejam aplicáveis para descrever o objeto do teste.

Por exemplo, é dada aos participantes uma palavra, por exemplo "carro", e é-lhes apresentada uma variedade de adjectivos para a descrever. Os inquiridos assinalam para indicar como se sentem em relação ao que está a ser medido (Osgood *et al.* (1957).

O diferencial semântico é amplamente utilizado em pesquisas de publicidade e marketing, desde questionários até entrevistas e grupos focais. A versatilidade de utilizações com os adjectivos bipolares e a simplicidade da sua compreensão tornaram-no ideal para questionários e entrevistas aos consumidores (http://www.simplypsychology.pwp.blueyonder.co.uk/ acedido em 18/12/2014).

A técnica do diferencial semântico revela informações sobre três dimensões básicas das atitudes: avaliação, potência (ou seja, força) e atividade.

* **A avaliação** *diz respeito ao facto de uma pessoa pensar positiva ou negativamente sobre o tópico da atitude (por exemplo, sujo - limpo e feio - bonito).*

* **A potência** *diz respeito à força que o tema tem para a pessoa (por exemplo, cruel - gentil, e forte - semana).*

• **A atividade** *diz respeito ao facto de o tópico ser visto como ativo ou passivo (por exemplo, ativo - passivo).*

Utilizando esta informação, podemos ver se o sentimento (avaliação) de uma pessoa em relação a um objeto é consistente com o seu comportamento. Por exemplo, uma pessoa pode gostar do sabor do chocolate (avaliação) mas não o comer frequentemente (atividade). A dimensão avaliação tem sido mais utilizada pelos psicólogos sociais como medida da atitude de uma pessoa, porque esta dimensão reflecte o aspeto afetivo de uma atitude.

♦ Avaliação dos métodos directos

Uma escala de atitudes foi concebida para fornecer uma medida válida, ou exacta, da atitude social de um indivíduo. No entanto, como qualquer pessoa que já tenha "falsificado" escalas de atitudes sabe, existem deficiências nestas escalas de atitudes auto-relatadas. Há vários problemas que afectam a validade das escalas de atitudes. No entanto, o problema mais comum é o da desejabilidade social.

A desejabilidade social refere-se à tendência das pessoas para darem respostas "socialmente desejáveis" aos itens do questionário. As pessoas são frequentemente motivadas a dar respostas que as façam parecer "bem ajustadas", sem preconceitos, de mente aberta e democráticas. As escalas de auto-relato que medem as atitudes em relação à raça, religião, sexo, etc. são fortemente afectadas pelo viés da desejabilidade social.

Os inquiridos que têm uma atitude negativa em relação a um determinado grupo podem não querer admitir ao experimentador (ou a si próprios) que têm esses sentimentos. Por conseguinte, as respostas às escalas de atitudes nem sempre são 100% válidas (http://www.simplypsychology.org/attitude-measurement.html acedido em 18/12/2014).

C.Técnicas de projeção/medição indireta

Para evitar o problema da desejabilidade social, foram utilizadas várias medidas indirectas de atitudes. Ou as pessoas não têm conhecimento do que está a ser medido (o que tem problemas éticos) ou não são capazes de afetar conscientemente o que está a ser medido (http://www.simplypsychology.org/attitude-measurement.html acedido em 18/12/2014).

Os métodos indirectos implicam normalmente a utilização de um teste projetivo. Um **teste projetivo** consiste em apresentar a uma pessoa um estímulo ambíguo (ou seja, pouco claro) ou incompleto (por exemplo, uma imagem ou palavras). O estímulo exige uma interpretação por parte da pessoa. Por conseguinte, a atitude da pessoa é inferida a partir da sua interpretação do estímulo ambíguo ou incompleto.

O pressuposto destas medidas de atitudes é que a pessoa "projectará" os seus pontos de vista, opiniões ou atitudes na situação ambígua, revelando assim as atitudes que possui. No entanto, os métodos indirectos apenas fornecem informações gerais e não oferecem uma medida precisa da força da atitude, uma vez que são qualitativos e não quantitativos. Este método de medição da atitude não é objetivo nem científico, o que constitui uma grande crítica (http://www.simplypsychology.org/attitude-measurement.html acedido em 18/12/2014).

🔸 Avaliação dos métodos indirectos

A principal crítica aos métodos indirectos é a sua falta de objetividade. Estes métodos não são científicos e não medem objetivamente as atitudes da mesma forma que uma escala de Likert. Há também o problema ético do engano, pois muitas vezes a pessoa não sabe que a sua atitude está realmente a ser estudada quando se utilizam métodos indirectos. As vantagens destas técnicas indirectas de medição de atitudes são que são menos susceptíveis de produzir respostas socialmente desejáveis, é pouco provável que a pessoa adivinhe o que está a ser medido e o comportamento deve ser natural e fiável (http://www.simplypsychology.org/attitude-measurement.html acedido em 18/12/2014).

2.4 Práticas culturais na horticultura

A agricultura sustentável de produtos hortícolas é uma atividade de risco relativamente elevado e de custo elevado por hectare, que exige uma gestão intensiva. Os produtores de produtos hortícolas bem sucedidos gerem o capital e o marketing de forma competente. Os produtores concebem e implementam sistemas de cultura que incluem a seleção de culturas e variedades, a rotação de culturas, a fertilização do solo, a seleção de terrenos, a mobilização do solo, a gestão integrada de pragas (controlo de insectos, doenças e ervas daninhas), a produção e/ou utilização de transplantes, a preparação de camas de sementes, a sementeira, a irrigação, a gestão de quebra-ventos, a polinização (gestão das abelhas), a colheita, o manuseamento e a embalagem e a venda. A produção de produtos hortícolas difere de outras empresas de produção vegetal.

Estas culturas são perecíveis por natureza, devem estar isentas de defeitos e têm janelas de mercado estreitas. Consequentemente, as operações culturais devem ser efectuadas de forma mais precisa e atempada para fornecer produtos de alta qualidade aos mercados dentro do prazo (Frank *et al.*, 2009).

2.5 Práticas de consumo de AIV

Para a maioria das espécies, os pontos de crescimento jovens e as folhas tenras são as partes da planta que são utilizadas na preparação de pratos de legumes. Os pecíolos e, nalguns casos, os caules jovens e tenros também são incluídos, mas os caules velhos e duros são descartados (Vorster *et al.*, 2002).

As folhas e outras partes de plantas seleccionadas são preparadas como puré ou como condimentos, principalmente para acompanhar papas de milho e sorgo. Os pratos de vegetais folhosos podem ser preparados a partir de uma única espécie ou de uma combinação de diferentes espécies. Outros ingredientes, como o tomate, a cebola, a farinha de amendoim e as especiarias, podem ser adicionados para realçar o seu sabor. Os métodos de cozedura variam desde a fervura completa, que pode incluir a substituição da primeira água de cozedura por água fresca no caso de espécies de sabor amargo, como a *Solanum retroflexum* (Van Averbeke & Juma, 2006a), até à cozedura a vapor, que envolve a utilização de quantidades muito pequenas de água e tempos de cozedura curtos, como no caso das folhas e flores de abóbora. De acordo com Vorster *et al.* (2005), as receitas utilizadas para preparar as diferentes hortaliças de folha tendem a ser bastante homogéneas dentro de grupos culturais específicos, limitando a diversidade culinária.

O uso de alimentos silvestres faz parte da rede de segurança que as pessoas rurais usam para lidar com a pobreza, desastres e stress dos meios de subsistência (Rose & Guillarmod, 1974; Rubaihayo, 1997; Shackleton *et al.*, 2000). Durante os períodos de seca, ou quando o ganha-pão do agregado familiar fica desempregado, as famílias rurais afectadas intensificam a sua recolha e consumo de alimentos selvagens. As perturbações sociais também podem levar a um aumento do uso de alimentos silvestres (Shackleton *et al.*, 1999; Dovie *et al.*, 2002; Shackleton, 2003).

Nas comunidades rurais pobres, o consumo de alimentos silvestres é particularmente importante para as mulheres e crianças (Shackleton et al., 2002, Vorster & Jansen, 2005). O uso de alimentos silvestres também é reforçado pelo afastamento, porque as famílias em áreas rurais remotas têm acesso limitado a mercados de produtos frescos (Jansen & Vorster, 2005; Hart & Vorster, 2006; Dovie et al., 2002; Shackleton, 2003). Os agregados familiares urbanos utilizam menos os vegetais de folha colhidos na natureza do que os agregados familiares rurais, porque não têm acesso a locais onde estes vegetais crescem naturalmente.

Apesar da crescente popularidade dos AIVs e dos seus valores potenciais para aumentar a nutrição, a segurança alimentar e o rendimento, não foi realizada muita investigação para abordar as questões que envolvem a sua produção, armazenamento e comercialização (Alberto L., 2015).

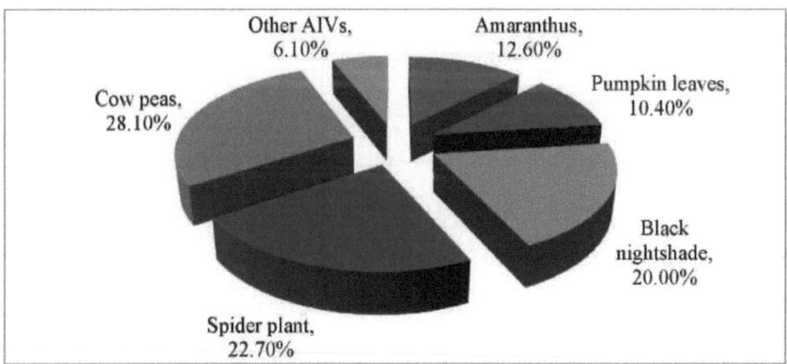

Figura 2.2: Dados relativos aos seis principais produtos hortícolas autóctones no Quénia (Fonte: KALRO, 2012)

Os supermercados e mercearias também já vendem hortaliças autóctones, e o antigo Instituto de Investigação Agrícola do Quénia (KARI), agora renomeado Organização de Investigação Agrícola e Pecuária do Quénia (KALRO), e várias empresas de sementes estão agora a concentrar-se no desenvolvimento e venda de sementes de hortaliças autóctones de qualidade (Alberto L., 2015). Estas iniciativas demonstram que algo está a ser feito para que estas culturas deixem de ser negligenciadas, órfãs ou subutilizadas, através do desenvolvimento de sistemas de sementes que, embora atualmente fracos, existem em certas partes do país.

2.6 Valor, benefícios para a saúde, vantagens agronómicas e potencial económico dos legumes indígenas africanos

2.6.1 Valor nutritivo

Os legumes indígenas africanos contêm altos níveis de minerais, especialmente cálcio, ferro e fósforo. Também contêm quantidades significativas de vitaminas e proteínas (Mnzava, 1997). Na maioria dos casos, o conteúdo mineral e vitamínico é equivalente ou superior ao encontrado em legumes exóticos populares como a couve.

Em média, 100 g de legumes frescos contêm níveis de cálcio, ferro e vitaminas que forneceriam 100% das necessidades diárias e 40% para as proteínas (Abukutsa-Onyango, 2003). Os AIVs têm um elevado valor nutritivo com altos teores de vitamina A e C, minerais e proteínas suplementares (Wenga et al., 2003).

2.6.2 Valor medicinal e benefícios para a saúde

Os AIVs têm propriedades medicinais, uma vez que são geralmente amargos e alguns são conhecidos por curar doenças relacionadas com o estômago (Olembo et al., 1995). A maior parte destes legumes tem propriedades medicinais (Kokwaro, 1993; Olembo et al., 1995), por exemplo, a planta-aranha tem sido considerada como um remédio para a obstipação e para facilitar o parto, enquanto que a erva-moura africana tem sido considerada como um remédio para a dor de estômago. No entanto, a informação limitada disponível sobre o modo de preparação sugere que a presença de compostos químicos indesejáveis nestas culturas potenciais não pode ser ignorada (Abukutsa-Onyango, 2010).

2.6.3 Vantagens agronómicas

Os AIVs estão bem adaptados a condições climáticas adversas e à infestação de doenças e são mais fáceis de cultivar em comparação com os seus congéneres exóticos (Grubben, 2004). Os AIVs podem produzir sementes em condições tropicais, ao contrário dos vegetais exóticos. Têm um período de crescimento curto, estando a maior parte deles prontos para serem colhidos em 3-4 semanas, e respondem muito bem a fertilizantes orgânicos. A maior parte deles tem uma capacidade inata de suportar e tolerar algumas tensões bióticas e abióticas. Podem também florescer em condições de cultivo sustentáveis e respeitadoras do ambiente, como a cultura intercalar e a utilização de produtos orgânicos. Além disso, como a maioria delas não foi intensivamente selecionada, têm bases genéticas amplas, o que será importante para a obtenção de novos genótipos e/ou genes de adaptação às alterações climáticas (Abukutsa-Onyango, 2010).

2.6.4 Geração de rendimentos e oportunidades de emprego

As hortaliças indígenas africanas têm um potencial considerável como fonte de renda, permitindo que as pessoas mais pobres das comunidades rurais ganhem a vida (Schippers, 2000). Um inquérito socioeconómico sobre legumes tradicionais realizado em várias partes de África, particularmente na África Central, Ocidental e Oriental (Abukutsa-Onyango, 2002; Schippers 2000) revelou que os AIVs são produtos importantes para a segurança alimentar das famílias. Proporcionam oportunidades de emprego e geram rendimentos para a população rural. Parece haver uma grande procura de AIVs nas cidades e nos grandes centros urbanos, o que faz com que a produção intensiva nas cidades e nos seus arredores e o comércio dos mesmos sejam fontes importantes de rendimento familiar para os pobres urbanos e os desempregados (Abukutsa-Onyango, 2002; Schippers, 2000).

2.7 Sistemas de cultivo, clima e solos no Quénia

As explorações agrícolas no Quénia variam entre operações familiares de subsistência de pequena escala e empresas mecanizadas de grande escala com culturas e/ou gado. A área total do Quénia é de cerca de 587.000 km^2 , dos quais 576.076 km^2 consistem em terra e 11.230 km^2 estão cobertos por água. Do total da superfície terrestre, 18% tem um potencial agrícola elevado a médio. O resto são terras áridas e semi-áridas (ASAL) e, por conseguinte, de baixo potencial agrícola (Sombroek et al., 1982). O Quénia tem seis zonas agro-ecológicas, conforme indicado no Quadro 2.2.

Quadro 2.2: Zonas agro-ecológicas do Quénia

Zone		Approx. area (km^2)	% Total
I.	Agro-Alpine	800	0.1
II.	High Potential	53,000	9.2
III.	Medium Potential	53,000	9.2
IV.	Semi-Arid	48,200	8.5
V.	Arid	300,000	52.9
VI.	Very Arid	112,000	19.8
Rest (waters, etc)		15,600	2.6

Fonte: Sombroek et al., 1982

Da área total das ASAL de 48 milhões de hectares, 24 milhões de hectares só são úteis para a pastorícia nómada; o resto pode suportar alguma pecuária comercial e agricultura de regadio, mas com um acréscimo de tecnologia. Mais de 7 milhões de pessoas vivem e retiram o seu sustento das zonas ASAL; a restante população vive nas zonas de potencial agrícola elevado a médio ou nas cidades. Num país onde 80% da população depende da agricultura, as áreas de elevado e médio potencial foram divididas em pequenas explorações agrícolas de 0,5 a 10 ha. Por exemplo, 81% dos pequenos agricultores ocupam explorações com menos de 2 ha. Tendo em conta que a taxa de crescimento da população é de 3,2%, a pressão sobre a terra está a reduzir continuamente a capacidade de sustentar a produção alimentar e as culturas de rendimento.

O Quénia tem uma grande variedade de tipos de solo, devido à grande variação na geologia (material de origem), relevo e clima. Os tipos de solo variam de arenosos a argilosos, de pouco profundos a muito profundos, e de baixa a alta fertilidade. No entanto, muitos tipos de solo têm sérias limitações, como problemas de salinidade, sodicidade, acidez, fertilidade e drenagem. Os principais tipos de solo utilizados na agricultura são os ferralsols, vertisols, acrisols, lixisols, luvisols e nitisols (Sombroek et al., 1982).

3.0 MATERIAIS E MÉTODOS

1.1A área de estudo

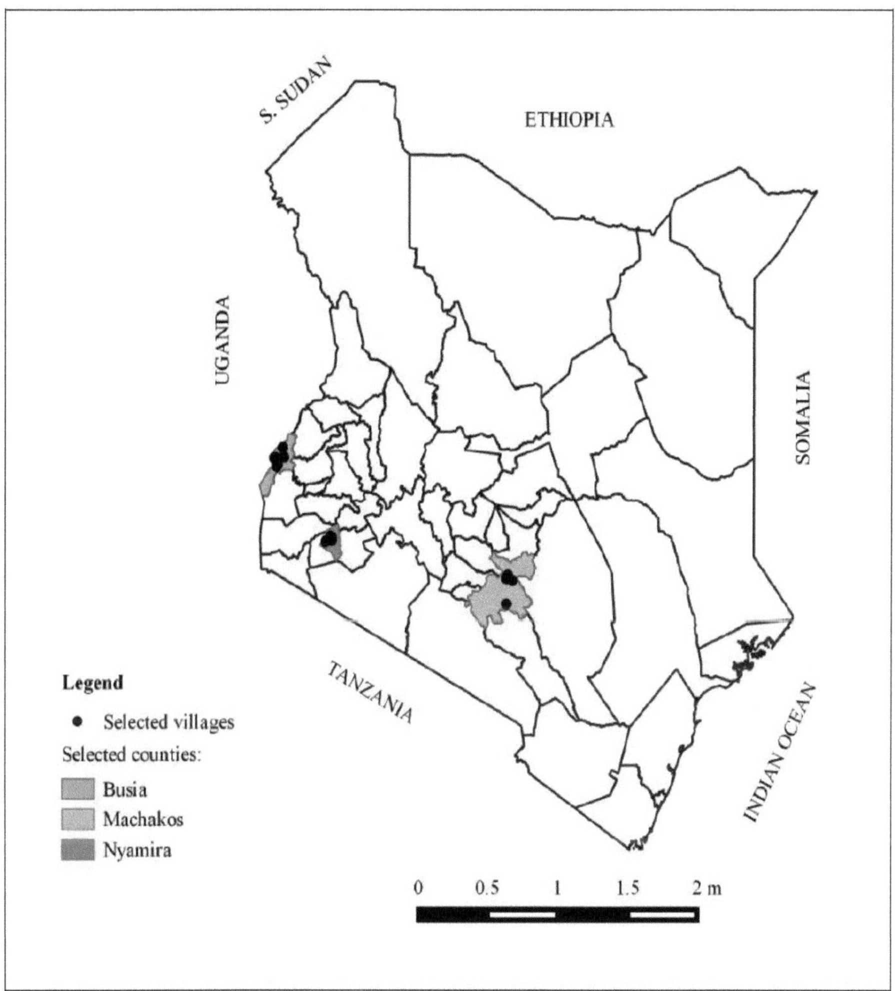

Figura 3.3: Mapa do Quénia indicando os condados onde o estudo foi realizado
Esta investigação foi efectuada nas zonas rurais dos condados de Busia, Nyamira e Machakos. Estes locais inserem-se em três zonas agro-ecológicas diferentes do Quénia, que vão desde a zona Agro-Alpina (Nyamira), zona de Potencial Médio (Busia) e zona Semi-Árida (Machakos).

O condado de Busia está situado na parte ocidental do Quénia, entre 0^0 43'N e 34^0 15'E. A maior parte do condado de Busia situa-se na bacia do Lago Vitória. A altitude é ondulante e eleva-se de cerca de 1.130 m acima do nível do mar, nas margens do Lago Vitória, até um máximo de cerca de 1.500 m nas colinas de Samia e Teso Norte. Busia está entre os 10 condados menos populosos do Quénia, com uma população total de 743.946 pessoas (homens: 232.075 (48%); mulheres: 256.000 (52%)) (Censo do Quénia, 2009). A economia do condado de Busia é impulsionada principalmente por actividades relacionadas com a agricultura. No Quénia, este sector contribui diretamente para 24% do Produto Interno Bruto (PIB) e 27% do PIB nas suas cadeias de valor. No condado de Busia, a agricultura, a pesca e a pecuária envolvem, direta e indiretamente, mais de 80% da população, pelo que os residentes dependem delas para a sua vida quotidiana e para o seu sustento (Censo do Quénia, 2009).

O condado de Nyamira está situado na antiga província de Nyanza, entre 0^0 75'S e 35^0 00'E. Faz fronteira com os seguintes condados: Bomet a leste, Narok a sul, Kisii a oeste, Homa Bay a norte e Kericho a nordeste. Abrange uma área de 899,3 km^2 . As temperaturas variam entre uma média anual mínima de 10,1°C e uma média anual máxima de 28,7°C, com precipitações entre 600mm e 2.300mm por ano (Censo do Quénia, 2009). Nyamira tem uma população de 598.252 habitantes (Homens - 48%, Mulheres - 52%), uma densidade populacional de 665 pessoas por Km^2 , uma percentagem nacional de 1,55%, uma taxa de crescimento anual de 2,4%, uma distribuição etária de 0-14 anos (44,1%), 15-64 anos (52,4%), 65+anos (3,5%) e um número de agregados familiares de 131.039 (Censo do Quénia, 2009). O Condado de Nyamira é uma economia baseada na agricultura, uma vez que 90% dos residentes retiram os seus meios de subsistência de várias actividades agrícolas dentro e fora das explorações. A agricultura é o principal pilar da economia de Nyamira e o seu desempenho influencia grandemente o desempenho económico global. Contribui diretamente com 25 % do PIB e com mais 27 % através de ligações com a indústria transformadora, a distribuição e outros serviços relacionados com o sector. Dada a sua importância, o desempenho do sector reflecte-se, portanto, no desempenho de toda a economia. O desenvolvimento da agricultura é igualmente importante para a redução da pobreza, uma vez que a maioria dos grupos vulneráveis, como os sem-terra e os agricultores de subsistência, dependem igualmente da agricultura como principal fonte de subsistência. Por conseguinte, espera-se que o crescimento do sector tenha um maior impacto sobre uma maior parte da população do que qualquer outro sector. O desenvolvimento do sector é, por conseguinte, importante para o desenvolvimento da economia no seu conjunto (Censo do Quénia, 2009).

O condado de Machakos foi a primeira capital do Quénia, mas atualmente é um condado administrativo do Quénia. O condado de Machakos faz fronteira com os condados de Nairobi e Kiambu a oeste, Embu a norte, Kitui a leste, Makueni a sul, Kajiado a sudoeste e Murang'a e Kirinyaga a noroeste. O condado de Machakos estende-se das latitudes 0° 45'S a 1° 31'S e das longitudes 36° 45'E a 37° 45'E. O condado tem uma altitude de 1000 a 1600 metros acima do nível do mar. Machakos está entre os 10 condados mais populosos do Quénia; tem uma população total de 1.098.584 pessoas, 264.500 agregados familiares e cobre uma área de 6.208 SQ. KM. A densidade populacional é de 177 pessoas por SQ. KM. O povo Akamba é o habitante dominante do Condado de Machakos (Censo do Quénia 2009). O clima local é semi-árido, com um terreno montanhoso que cobre a maior parte do condado. A agricultura de subsistência é praticada com milho e culturas resistentes à seca, como sorgo e painço. No entanto, o condado também é palco do conceito de mercado ao ar livre, com grandes dias de mercado onde são comercializadas grandes quantidades de produtos. Nestes mercados, vendem-se frutas, legumes e outros produtos alimentares como o milho e o feijão (Censo do Quénia, 2009).

1.2 Processo de amostragem

A fim de obter informações suficientes sobre os conhecimentos, atitudes e práticas dos agricultores dos condados de Busia, Nyamira e Machakos em relação aos AIV, foi utilizado um método de amostragem em várias fases para selecionar os condados, as aldeias e os pequenos produtores de AIV, respetivamente. Para estimar a dimensão da amostra, utilizou-se a fórmula de Cochran (1977) apresentada a seguir:

$$n= \frac{Z^2}{d^2}\, pq$$

Em que: n= dimensão da amostra, Z= distribuição de curva normal (1,96 que corresponde a um intervalo de confiança de 95%), p = proporção de produtores de AIV (dada como 0,5 quando a proporção exacta dos agricultores não é conhecida), q = proporção de produtores de não AIV (1-p), d= margem de erro fixada em 95% (dada como 0,05).

$$n= \frac{1.96^2}{0.05^2}\, 0.5*0.5$$

n= 384

Para efeitos do estudo, foi utilizada uma dimensão de amostra de 600 pessoas (200 de cada local), embora a dimensão mínima da amostra obtida tenha sido 538. Esta dimensão mínima da amostra de 538 foi obtida após o cálculo de acordo com Israel (1992), que propôs esta fórmula para compensar as pessoas que não serão contactadas (10%) e também outros 30% para a não resposta.

Foi utilizado um processo de amostragem em várias fases para selecionar os municípios, as aldeias e os pequenos produtores de AIVs. Os condados foram seleccionados propositadamente com base nas suas diferentes características agro-ecológicas. As aldeias foram seleccionadas aleatoriamente nos três condados. Foram preparadas listas de agricultores de AIVs com a ajuda dos líderes das aldeias e dos agricultores seleccionados aleatoriamente para entrevista. Os agricultores foram entrevistados nas suas explorações. O chefe de família ou outra pessoa responsável do agregado familiar com pelo menos 21 anos de idade era elegível para ser entrevistado. Só foi entrevistada uma pessoa por agregado familiar, fosse homem ou mulher.

1.3 Recolha de dados

A recolha de dados foi efectuada durante o período de junho a julho de 2015. O estudo utilizou dados primários recolhidos entre os pequenos agricultores.

O estudo adoptou um modelo de inquérito para a recolha de dados primários relativos às características socioeconómicas dos agricultores e às CAP dos pequenos produtores de AIV nos condados de Busia, Nyamira e Machakos. Foi utilizado um questionário semi-estruturado para recolher dados sobre as características socioeconómicas dos agricultores, os conhecimentos dos agricultores sobre os atributos dos AIV, a atitude dos agricultores em relação aos AIV e as práticas dos agricultores. O questionário foi revisto por peritos de investigação do Centro Internacional de Fisiologia e Ecologia de Insectos (ICIPE) em Nairobi, no Quénia, e depois submetido a um pré-teste em 20 agregados familiares em Machakos, antes de ser administrado aos inquiridos na sua forma final. O pré-teste destinava-se a detetar quaisquer problemas no questionário, de modo a eliminá-los e a assegurar o registo adequado dos dados necessários. Foram formados enumeradores fluentes em inglês e nas línguas locais para administrar o questionário. Fizeram as perguntas nas línguas locais e registaram as respostas em inglês. Os questionários e os formulários preenchidos foram verificados todos os dias para efeitos de controlo de qualidade.

O questionário utilizado no estudo era composto por cinco secções, que incluíam (i) coordenadas geográficas; (ii) características e demografia do agregado familiar; (iii) conhecimentos sobre os AIV; (iv) atitudes em relação aos AIV e (v) práticas de cultivo de AIV. Foi adoptada uma escala de Likert para registar as respostas utilizadas para avaliar os conhecimentos e as atitudes, ao passo que foram utilizadas perguntas fechadas e abertas para avaliar as práticas agrícolas. Foram obtidas informações adicionais através de entrevistas não-directivas com informadores-chave, tais como líderes locais/das aldeias, funcionários da extensão agrícola, comerciantes de AIV em mercados abertos, grupos de agricultores como o Bahari Horticulture Group em Machakos (filiado no ICIPE) e observações no terreno.

O conhecimento, a atitude e a prática são as principais variáveis de resultado deste estudo. Os conhecimentos foram medidos com base numa escala de Likert de 3 pontos (1= não sei; 2= falso; 3= verdadeiro). Para cada pergunta, uma resposta positiva (verdadeira) foi atribuída com um ponto, enquanto que uma resposta negativa (falsa) ou "não sei" foi atribuída com zero pontos. Foi calculada uma pontuação de conhecimentos para cada agricultor da amostra através da soma do número de respostas positivas das 9 perguntas. A atitude dos agricultores em relação aos AIV foi medida com base numa escala de 5 afirmações (1 = discordo totalmente; 2 = discordo; 3 = neutro; 4 = concordo; 5 = concordo totalmente) (Likert, 1932). Aqueles que concordaram ou concordaram fortemente com as afirmações foram considerados como tendo uma atitude positiva, enquanto os restantes foram considerados como tendo uma atitude negativa. A prática foi medida através de perguntas binárias de 8 itens (perguntas sim/não). Foi atribuído um ponto por cada prática correcta mencionada, e zero no caso contrário. Foi calculada uma pontuação de prática para cada agregado familiar através da soma do número de respostas correctas das oito perguntas.

1.4 Análise de dados

As respostas foram codificadas para facilitar a introdução e a análise. As respostas codificadas foram introduzidas no Microsoft Excel 2007, limpas e depois importadas para o pacote estatístico STATA versão 12. Os resultados foram apresentados como estatísticas descritivas e foi estimado um modelo econométrico para identificar os factores que influenciam o CAP dos agricultores.

1.4.1 Estatísticas descritivas

A estatística descritiva incluiu médias, percentagens, frequências e desvio padrão. O teste do qui-quadrado de Pearson foi então aplicado para determinar se os CAP dos agricultores eram significativamente diferentes entre as zonas de estudo.

Além disso, foi utilizada a Análise de Componentes Principais (ACP) para gerar os índices compostos para a pontuação de conhecimentos, a pontuação de atitudes, a pontuação de práticas e um composto dos três, designado por KAPscore (pontuação de conhecimentos, atitudes e práticas) (Krishnan, 2010). Nove (9) perguntas sobre conhecimentos, sete (7) sobre atitudes e oito (8) sobre práticas foram utilizadas no cálculo dos índices. Foi montado um modelo de regressão para determinar a associação entre as características socioeconómicas dos agricultores e o CAP. Foram utilizados factores de inflação da variação (VIF) para verificar a multicolinearidade entre as variáveis preditoras, sendo que, como *modus operandi,* um valor superior a 10 pode justificar uma análise mais aprofundada (Myers, 1990). Os efeitos marginais foram calculados para apresentar e explicar os resultados das variáveis preditoras significativas. O diagnóstico multinomial de bondade de ajuste (mgof) foi efectuado para o modelo para verificar se os preditores do modelo descrevem suficientemente os dados observados. A hipótese nula de bondade de ajustamento deve ser rejeitada se o valor p da estatística do teste do qui-quadrado for inferior a um determinado nível de significância a (Cressie & Timothy, 1984). Um valor de p inferior a 0,05 foi considerado significativo para todas as análises estatísticas.

1.4.2 Modelo econométrico

A análise econométrica foi utilizada para testar os principais factores que influenciam o CAP entre os agricultores de AIV. Os resultados da regressão indicam o grau em que as variáveis específicas das características da exploração e do agregado familiar influenciam o CAP dos agricultores. Quando as variáveis de escolha são mais do que uma e de natureza cardinal, os modelos de escolha discreta adequados são os modelos multinomiais ou multiprobitários (Mohammad, 2007). Este estudo utilizou o modelo logit multinomial (MNL) para analisar os factores que influenciam o CAP dos agricultores, uma vez que o teste de independência dos termos de erro é rejeitado contra a utilização do modelo multiprobit (Sosina et al., 2009). A fim de descrever o modelo MNL, deixemos y denotar uma variável aleatória que assume os valores [1,2... ..j] para os resultados CAP j (aqui j representa 3 resultados, conhecimento, atitude e prática), um número inteiro positivo, e deixemos x representar um conjunto de variáveis explicativas. Neste caso, y representa o CAP de um determinado agricultor. Assumimos que cada agricultor enfrenta um conjunto de resultados discretos e mutuamente exclusivos de CAP, que são condicionados por um conjunto de variáveis explicativas x. O modelo a estimar permitirá ao investigador avaliar a forma como as alterações nas variáveis explicativas x afectam a variável de resposta (CAP), denotada como p (y= j/ x), j= 1, 2...J. A questão é saber como, *caeteris paribus,* as alterações nos elementos de x afectam as probabilidades de resposta. Seja x um vetor 1 x k com 1st elemento unidade. As probabilidades de resposta do modelo MNL são da forma:

$$P(y = j \backslash X) = \frac{\exp(x\beta_j)}{1 + \sum_{k-1}^{j} \exp(x\beta_k), \; j = 1, \cdots, J} \tag{1}$$

Em que β_j é k x 1, j= 1J ....

Para obter estimativas de parâmetros não enviesadas e consistentes do modelo MNL na equação-1 acima, é necessário que o pressuposto da Independência das Alternativas Irrelevantes (IIA) se mantenha. Em termos simples, o pressuposto da AII exige que a probabilidade de um determinado nível de resultados das PAA de um dado inquirido seja independente da probabilidade de outro nível de resultados das PAA (ou seja, Pj/Pk é independente das restantes probabilidades). As estimativas dos parâmetros do modelo MNL fornecem apenas a direção do efeito das variáveis independentes sobre a variável dependente, mas as estimativas não representam a magnitude real da mudança nem as probabilidades (Greene, 2000). Para permitir a interpretação dos efeitos das variáveis explicativas sobre as probabilidades, é necessário estimar os efeitos marginais. Diferenciando parcialmente a equação-1 em relação às variáveis explicativas, obtêm-se os efeitos marginais das variáveis explicativas, dados na forma

$$\frac{\partial P_j}{\partial X_k} = P_j \left(\beta_{jk} - \sum_{j=1}^{j-1} P_j \, \beta_{jk} \right) \tag{2}$$

Os efeitos marginais ou probabilidades marginais são funções da própria probabilidade e medem a mudança esperada na probabilidade de um determinado resultado do CAP alcançado em relação a uma mudança unitária numa determinada variável independente em relação à média.

1.4.3 Escolha das variáveis explicativas utilizadas no modelo

As variáveis explicativas cuja relação com a variável dependente é hipotética e os seus sinais esperados são apresentados na tabela (3.3). Essas variáveis foram geradas a partir da revisão da literatura, de informações teóricas e de matrizes de correlação. Foram essas variáveis (características socioeconómicas dos agricultores) que se supõe terem associações com o CAP dos agricultores.

Quadro 3.3: Descrição das variáveis e respectivos sinais esperados

Variável	Descrição	Tipo de variável	Sinais esperados
Género	1 se for homem, 0 se for mulher	Boneco	+-
Educação	1 se alfabetizado, 0 se analfabeto	Boneco	+
Atividade principal	1 se agricultura, 0 caso contrário	Boneco	+
Experiência agrícola	Experiência agrícola em anos	Discreto	+
Idade	Idade do inquirido em anos	Contínuo	+
Dimensão do agregado familiar	Dimensão do agregado familiar em contagens numéricas	Discreto	+
Posse da terra	1 se for proprietário, 0 se for alugado	Boneco	+
Total de terrenos	1 se for grande agricultor; 2 se for médio agricultor; 3 se for pequeno agricultor	Categórica	+
Ferramentas de lavoura	1 se enxada; 2 se boi; 3 se trator	Categórica	+

Os resultados das matrizes de correlação geradas são apresentados no Apêndice 1. Nos casos em que a correlação entre duas variáveis era superior a 0,6, uma variável foi eliminada. Isto não foi feito sem ter em conta a importância de uma variável no contexto do subsector hortícola, tal como resulta da literatura, por exemplo, o sexo do chefe de família e o seu estado civil.

O género do agregado familiar é uma variável importante no sector da horticultura. O sector está principalmente associado às mulheres e às crianças, uma vez que é de mão de obra intensiva, daí a inclusão desta variável no modelo. A horticultura, tal como a maioria das cadeias de produtos de base orientadas para os compradores, é uma atividade de mão de obra intensiva, sendo as mulheres frequentemente a maioria destes trabalhadores (Dolan e Sutherland, 2003). Por conseguinte, esperava-se que o agregado familiar chefiado por mulheres tivesse uma elevada probabilidade de implicação nos conhecimentos, atitudes e práticas agrícolas dos AIV. O género e o estado civil tinham uma correlação elevada; por conseguinte, o estado civil foi retirado do modelo, embora fosse importante para prever as CAP dos agricultores.

Os agricultores instruídos são capazes de processar informações e procurar tecnologias adequadas para aliviar as suas restrições de produção e comercialização do que os agricultores sem instrução (Feder e Slade, 1994). Acredita-se que a educação dá aos agricultores a capacidade de perceber, interpretar e responder a novas informações muito mais rapidamente e adotar novas tecnologias do que os seus homólogos sem educação.

O tamanho da família também foi incluído no modelo como um fator importante que influenciaria positivamente o CAP dos agricultores, especialmente nas boas práticas. Espera-se que uma família numerosa forneça mão de obra suficiente para a produção hortícola e, por conseguinte, uma elevada probabilidade de implicação no CAP.

A área de produção de AIVs foi utilizada porque se esperava que tivesse um impacto positivo nas CAP dos agricultores, especialmente nas práticas agrícolas e no rendimento. Esperava-se que quanto maior fosse a área de produção de AIVs, maior seria a adoção de novas tecnologias e maior seria o rendimento bruto.

Espera-se que a experiência na produção de AIVs influencie o CAP dos agricultores. Esperava-se que os agricultores com uma longa experiência na produção de AIVs estivessem dispostos a aumentar os conhecimentos e a expandir a produção com o objetivo de melhorar os seus rendimentos agrícolas.

Também se esperava que os agricultores que praticam a agricultura como atividade principal aumentassem os seus conhecimentos e expandissem a produção de AIV.

CAPÍTULO 4

4.0 RESULTADOS DA INVESTIGAÇÃO E DEBATES

4.1 Características do agregado familiar

Tabela 4.4: Estatísticas descritivas: Características socioeconómicas

Características	Sítios			
	Busia	**Nyamira**	**Machakos**	**Total**
Género	**200(33.33%)**	**200(33.33%)**	**200(33.33%)**	**600(100%)**
Masculino	167(27.83%)	162(27%)	157(26.17%)	486(81%)
Feminino	33(5.50%)	38(6.33%)	43(7.17%)	114(19%)
Estado civil	**200(33.33%)**	**200(33.33%)**	**200(33.33%)**	**600(100%)**
Casado	156(26%)	159(26.50%)	151(25.17%)	466(77.67%)
Não casado	44(7.33%)	41(6.83%)	49(8.17%)	134(22.33%)
Educação	**200(33.33%)**	**200(33.33%)**	**200(33.33%)**	**600(100%)**
Sem educação formal	16(2.67%)	18(3%)	22(3.67%)	56(9.33%)
Escola primária	109(18.17%)	102(17%)	100(16.67%)	311(51.83%)
Formação profissional	10(1.67%)	15(2.50%)	10(1.67%)	35(5.83%)
Escola secundária	55(9.17%)	57(9.50%)	59(9.83%)	171(28.50%)
Universidade	10(1.67%)	8(1.33%)	9(1.50%)	27(4.50%)
Ocupação	**200(33.33%)**	**200(33.33%)**	**200(33.33%)**	**600(100%)**
Agricultura	112(18.67%)	111(18.50%)	116(19.33%)	339(56.50%)
Trabalho por conta de outrem	28(4.67%)	25(4.17%)	28(4.67%)	81(13.50%)
Negócios	26(4.33%)	32(5.33%)	32(5.33%)	90(15%)
Trabalhador ocasional na exploração	3(0.50%)	4(0.67%)	6(1%)	13(2.17%)
Trabalhador ocasional fora da exploração	31(5.17%)	28(4.67%)	18(3%)	77(12.83%)
Experiência agrícola	**200(33.33%)**	**200(33.33%)**	**200(33.33%)**	**600(100%)**
0-5 anos	62(10.33%)	54(9%)	58(9.67%)	174(29%)
6-10 anos	41(6.83%)	31(5.17%)	41(6.83%)	113(18.83%)
11-15 anos	30(5%)	37(6.17%)	20(3.33%)	87(14.50%)
16-20 anos	26(4.33%)	36(6%)	31(5.17%)	93(15.50%)
>20 anos	41(6.83%)	42(7%)	50(8.33%)	133(22.17%)
Idade	**Média=48,4**	**Média=47,1**	**Média=45,7**	**Média=47,0**
Dimensão do agregado familiar	**Média=5,6**	**Média=5,4**	**Média=5,5**	**Média=5,5**
Posse da terra	**200(33.33%)**	**200(33.33%)**	**200(33.33%)**	**600(100%)**
Terrenos detidos	191(31.83%)	192(32%)	190(31.67%)	573(95.50%)

Terreno arrendado	9(1.50%)	8(1.33%)	10(1.67%)	27(4.50%)
Total de terrenos detidos	**200(33.33%)**	**200(33.33%)**	**200(33.33%)**	**600(100%)**
Agricultor de maior dimensão (exploração > 5 ha)	1(0.17%)	2(0.33%)	2(0.33%)	5(0.83%)
Médio agricultor (exploração >2&<=5ha)	32(5.33%)	27(4.50%)	33(5.50%)	92(15.33%)
Pequeno agricultor (exploração <=2ha)	167(27.83%)	171(28.50%)	165(27.50%)	503(83.83%)
Ferramentas de lavoura	**200(33.33%)**	**200(33.33%)**	**200(33.33%)**	**600(100%)**
Enxada	184(30.67%)	187(31.17%)	192(32%)	563(93.83%)
Cultivo com charrua	13(2.17%)	13(2.17%)	8(1.33%)	34(5.67%)
Trator	3(0.50%)	0(0%)	0(0%)	3(0.50%)

A Tabela 4.4 descreve as características dos agregados familiares incluídos na amostra. Dos 600 agricultores que foram entrevistados, 19% eram do sexo feminino, enquanto os restantes eram do sexo masculino. Um pouco mais de três quartos (77,67%) dos agregados familiares da amostra eram casados. Relativamente às habilitações literárias dos agricultores, (9,33%) eram analfabetos; (51,83%) tinham completado o ensino primário; (28,50%) completaram o ensino secundário; (5,83%) frequentaram escolas profissionais; e apenas (4,50%) frequentaram a universidade. A agricultura foi a principal atividade declarada por 56,50% dos inquiridos, seguida de 15% em negócios, emprego remunerado (13,50%), trabalhadores ocasionais fora da exploração agrícola (12,83%) e, por último, trabalhadores ocasionais na exploração agrícola (2,17%). Um pouco mais de um quarto dos agricultores da amostra (29%) tinha experiência de menos de 5 anos na produção de AIVs. A idade dos agricultores de AIVs variava entre 21 e 98 anos, com uma média de 47 anos. A dimensão média do agregado familiar era de 5,55. A maioria (95,50%) dos agricultores incluídos na amostra possuía terras. Cerca de 83,83% dos agricultores da amostra eram pequenos agricultores que possuíam uma exploração inferior/igual a 2ha. A maioria deles utilizava enxadas para lavrar a terra (93,83%), enquanto menos de 1% utilizava tractores.

4.2 Conhecimentos dos agricultores sobre os produtos hortícolas indígenas africanos

Quadro 5.4: Conhecimento dos agricultores sobre os AIVs

	Não sei	Respostas Falso	Verdadeiro	Total
AIVs Valor nutritivo				
Os AIV contêm vitaminas e minerais essenciais, proteínas e calorias	14(2.33%)	0(0%)	586(97.67%)	600(100%)
O elevado teor de proteínas e vitaminas dos AIV pode eliminar as carências das crianças, das mulheres grávidas e dos pobres	56(9.33%)	2(0.33%)	542(90.33%)	600(100%)
Os AIV são o alimento da natureza	34(5.67%)	5(0.83%)	561(93.50%)	600(100%)
A cozedura excessiva dos AIVs destrói os fitoquímicos essenciais que são benéficos em doses baixas	101(16.83%)	56(9.33%)	443(73.83%)	600(100%)
Valor medicinal e benefícios para a saúde dos AIV				
Os AIV têm propriedades curativas para a saúde	50(8.33%)	6(1%)	544(90.67%)	600(100%)
Vantagens agronómicas dos AIV				
Os AIV estão adaptados a condições climáticas adversas e à infestação de doenças	32(5.33%)	58(9.67%)	510(85%)	600(100%)
Os AIV são mais fáceis de cultivar em comparação com os vegetais exóticos	13(2.17%)	15(2.50%)	572(95.33%)	600(100%)
Importância económica dos AIV				
Os AIV são produtos de base importantes para a segurança alimentar das famílias	5(0.83%)	2(0.33%)	593(98.83%)	600(100%)
Os AIV proporcionam emprego e geram rendimentos para as famílias	40(6.67%)	23(3.83%)	537(89.50%)	600(100%)

O Quadro 5.4 apresenta os resultados sobre os conhecimentos dos agricultores relativamente aos AIV. Quando questionados sobre os atributos dos AIVs, 97% dos inquiridos concordaram que os AIVs são ricos em vitaminas e 90% concordaram que os AIVs podem melhorar as condições de saúde das pessoas vulneráveis. Cerca de 90% concordaram que os AIV contêm propriedades curativas. Em média, 85% concordaram que os AIV são resistentes a condições climatéricas adversas e à infestação de doenças, enquanto 95% acreditam que os AIV são mais fáceis de cultivar em comparação com os legumes exóticos.

Todas as nove afirmações foram respondidas individualmente de forma correcta por mais de três quartos dos inquiridos, pelo que se pode concluir que os inquiridos conhecem o valor e os benefícios dos legumes indígenas africanos.

Tabela 6.4: Conhecimentos por local de estudo

	Sites			
	Busia	Nyamira	Machakos	Total
Knowledge	0.94	0.965	0.92	0.941

A pontuação de conhecimento foi de 94%, indicando um elevado conhecimento entre os agricultores de AIVs nas áreas inquiridas. Os resultados por local mostraram que Nyamira obteve uma pontuação estatisticamente mais elevada em termos de conhecimentos, com uma pontuação média de 96%, seguida de Busia, com uma pontuação média de 94% e, por último, Machakos, com uma pontuação média de 92%.

Tabela 7.4: Comparações entre pares de conhecimentos médios utilizando o ajustamento de Duncan

Variável	(I)Sítio (J)Sítio	Diferença média (I-J)	Err. Std.	t	P>|t|
Conhecimento	Nyamira contra Busia	0.025	0.023	1.07	0.286
	Machakos contra Busia	-0.02	0.023	-0.85	0.394
	Machakos contra Nyamira	-0.045	0.023	-1.92	0.069

Comparando os três locais de investigação, os conhecimentos médios foram significativamente diferentes entre Machakos e Nyamira (p=0,069), mas não entre Nyamira e Busia (p=0,286) e Machakos e Busia (p=0,394).

4.3 Atitude dos agricultores em relação aos legumes indígenas africanos

As atitudes em relação aos AIV foram medidas utilizando afirmações da escala de classificação de Likert (1 = discordo totalmente; 2 = discordo; 3 = neutro; 4 = concordo; 5 = concordo totalmente).

Quadro 8.4: Atitude dos agricultores em relação aos AIV

	Statements					
	Strongly Disagree	**Disagree**	**Neutral**	**Agree**	**Strongly Agree**	**Total**
AIVs farming is women activity	195 (32.50%)	119(19.83%)	38(6.33%)	135(22.50%)	113(18.83%)	600(100%)
AIVs is poor people's food/food of the older generation	197(32.83%)	299(49.83%)	50(8.33%)	42(7%)	12(2%)	600(100%)
AIVs consumption may cause health problems	348(58%)	218(36.33%)	26(4.33%)	7(1.17%)	1(0.17%)	600(100%)
AIVs are not grown/handled in cleaner way	189(31.50%)	295(49.17%)	95(15.83%)	19(3.17%)	2(0.33%)	600(100%)
AIVs are unfashionable/not trendy	186(31%)	294(49%)	55(9.17%)	46(7.67%)	19(3.17%)	600(100%)
AIVs are time consuming to process/prepare	152(25.33%)	231(38.50%)	64(10.67%)	60(10%)	93(15.50%)	600(100%)
AIVs taste, appearance, quality are not good	401(66.83%)	133(22.17%)	27(4.50%)	12(2%)	27(4.50%)	600(100%)

A maioria dos inquiridos (32,50%) discordou fortemente da afirmação de que a agricultura de AIVs é uma atividade feminina. Quase metade dos inquiridos (49,83%) discordou da afirmação de que os AIV são alimentos para os pobres ou para a geração mais velha. Mais de metade (58%) dos inquiridos discordou fortemente da afirmação de que o consumo de AIVs pode causar problemas de saúde. 49,17% dos inquiridos discordaram da afirmação de que os AIV não são cultivados ou manuseados de forma mais limpa. 49% dos inquiridos discordaram da afirmação de que os AIV não estão na moda e não estão na moda. 38,50% discordaram da afirmação de que os AIV consomem muito tempo a processar e a preparar. Quase três quartos (66,83%) dos inquiridos discordaram fortemente da afirmação de que o sabor, o aspeto e a qualidade dos AIV não são bons.

A maioria dos inquiridos discordou ou discordou fortemente das sete afirmações negativas. Isto mostra que os agricultores inquiridos têm uma atitude ou perceção positiva sobre os legumes indígenas africanos.

Tabela 9.4: Atitude por sítio

	Sítios			
	Busia	Nyamira	Machakos	Total
Atitude	0.815	0.86	0.835	0.836

A pontuação da atitude foi de 83%, indicando uma atitude positiva dos agricultores em relação aos AIV nas zonas inquiridas. Os resultados por local revelaram que Nyamira obteve uma pontuação estatisticamente mais elevada, com uma pontuação média de 86%, seguida de Machakos, com uma pontuação média de 83% e, por último, Busia, com uma pontuação média de 81%.

Tabela 10.4: Comparações entre pares de conhecimentos médios utilizando o ajustamento de Duncan

Variável	(I)Sítio (J)Sítio	Diferença média (I-J)	Err.	t	P>|t|
Atitude	Nyamira contra Busia	0.045	0.037	1.22	0.255
	Machakos contra Busia	0.02	0.037	0.54	0.589
	Machakos contra Nyamira	-0.025	0.037	-0.68	0.500

Comparando os três locais de investigação, não se registaram diferenças significativas de atitude entre os agricultores de AIV.

4.4 Prática na produção de AIVs

A prática dos agricultores na produção de AIVs foi avaliada para identificar as lacunas nas boas práticas agrícolas dos AIVs como base para futuras intervenções no sector.

4.4.1 Alguns legumes indígenas africanos cultivados nas regiões em estudo

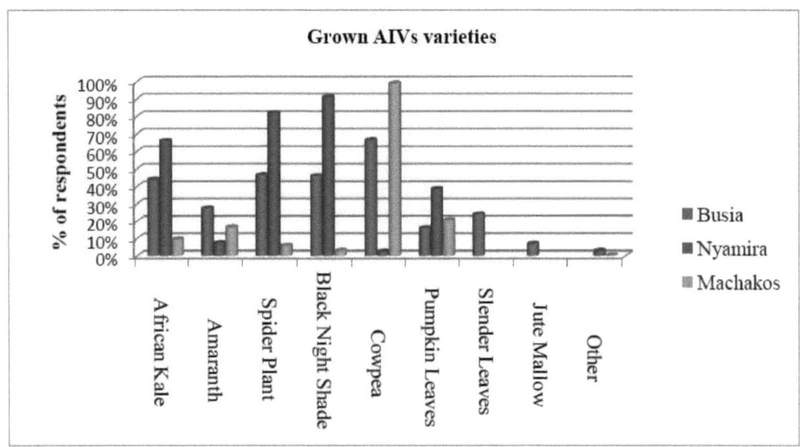

Figura 4.4: Diferentes variedades de AIVs por região

A couve-africana, a planta-aranha, a sombra nocturna negra e as folhas de abóbora são cultivadas principalmente em Nyamira. O amaranto, as folhas delgadas e a malva de juta são cultivados principalmente em Busia, enquanto Machakos é líder em feijãofrade. Outras variedades que os agricultores cultivam incluem a trepadeira e a Ngwalo.

4.4.2 Produção média familiar de AIV nas áreas de estudo

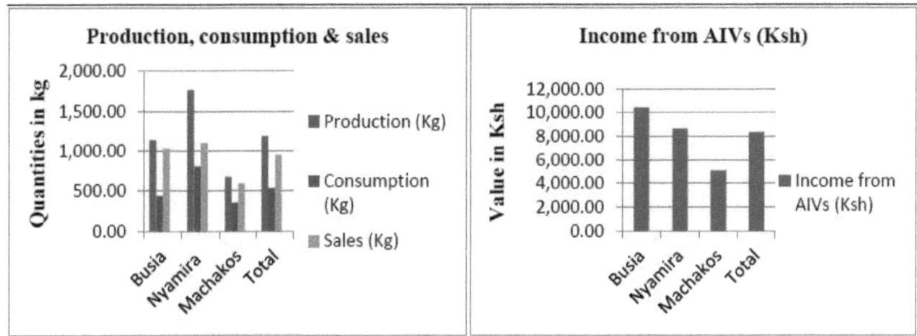

Figura 5.4: Produção média familiar de AIVs

Em média, os agregados familiares nos três condados produziram 1.191,8 kg de AIVs durante a época de colheita anterior; Nyamira ficou à frente (1.761,5 kg) de Busia (1.140,4 kg) e Machakos (673,5 kg). A quantidade média de AIVs consumidos por agregado familiar foi de 533,5 kg, enquanto a quantidade média de AIVs vendidos foi de 947 kg. O rendimento bruto médio da venda de AIVs foi de Ksh 8.347,47 (USD 85,77) (Banco Central do Quénia, taxas de câmbio de 15/06/2015).

4.4.3 Práticas agrícolas dos agricultores nos locais inquiridos

Quadro 11.4: Características da exploração

Characteristics	Sites			
	Busia	Nyamira	Machakos	Total
Cropping systems	**200(33.33%)**	**200(33.33%)**	**200(33.33%)**	**600(100%)**
Pure stand	139(23.17%)	145(24.17%)	155(25.83%)	439 (73.17%)
Intercropping	61(10.17%)	55(9.17%)	45(7.50%)	161 (26.83%)
Area under AIVs	**200(33.33)**	**200(33.33)**	**200(33.33)**	**600(100%)**
<=10%	88(14.67%)	99(16.50%)	89(14.83%)	276 (46%)
11-20%	58(9.67%)	64(10.67%)	63(10.50%)	185(30.83%)
21-30%	32(5.33%)	20(3.33%)	30(5%)	82(13.67%)
31-40%	14(2.33%)	8(1.33%)	4(0.67%)	26(4.33%)
41-50%	4(0.67%)	8(1.33%)	9(1.50%)	21(3.50%)
>50%	4(0.67%)	1(0.17%	5(0.83%)	10 (1.67%)

Farming inputs	**200(33.33%)**	**200(33.33%)**	**200(33.33%)**	**600(100%)**
Improved seeds	66(11%)	59(9.83%)	60(10%)	185(30.83%)
Inorganic fertilizers	26(4.33%)	49(8.17%)	25(4.17%)	100(16.67%)
Organic fertilizers	88(14.67%)	89(14.83%)	103(17.17%)	280(46.67%)
Pesticides	1(0.17%)	1(0.17%)	3(0.50%)	5(0.83%)
None	19(3.17%)	2(0.33%)	9(1.50%)	30(5%)
Fertilizers	**200(33.33%)**	**200(33.33%)**	**200(33.33%)**	**600(100%)**
NPK	9(1.50%)	13(2.17%)	9(1.50%)	31(5.17%)
DAP	34(5.67%)	63(10.50%)	25(4.17%)	122(20.33%)
Urea	3(0.50%)	3(0.50%)	1(0.17%)	7(1.17%)
Compost manure	48(8%)	31(5.17%)	46(7.67%)	125(20.83%)
Fallow practices	0(0%)	0(0%)	0(0%)	0(0%)
Farm yard manure	84(14%)	87(14.50%)	108(18%)	279(46.50%)
Green manure	0(0%)	0(0%)	0(0%)	0(0%)
None	22(3.67%)	3(0.50%)	11(1.83%)	36(6%)
Pest control	**200(33.33%)**	**200(33.33%)**	**200(33.33%)**	**600(100%)**
Insecticide	103(17.17%)	169(28.17%)	155(25.83%)	427(71.17%)
Fungicide	1(0.17%)	0(0%)	1(0.17%)	2(0.33%)
Traditional product (ash)	15(2.50%)	1(0.17%)	2(0.33%)	18(3%)
None	81(13.50%)	30(5%)	42(7%)	153(25.50%)
Pesticide name	**200(33.33%)**	**200(33.33%)**	**200(33.33%)**	**600(100%)**
Dimethoate	0(0%)	0(0.17%)	0(0%)	1(0.17%)
Cypermethrin	18(3%)	12(2%)	9(1.50%)	39(6.50%)
Thiodan	2(0.33%)	6(1%)	3(0.50%)	11(1.83%)
Dithane	0(0%)	6(1%)	5(0.83%)	11(1.83%)
Ridomil	20(3.33%)	12(2%)	20(3.33%)	52(8.67%)
Copper oxychloride	0(0%)	0(0%)	1(0.17%)	1(0.17%)
Other	160(26.67%)	163(27.17%)	162(27%)	485(80.83%)
Methods of harvesting	**200(33.33%)**	**200(33.33%)**	**200(33.33%)**	**600(100%)**
Uprooting the crop	13(2.17%)	2(0.33%)	35(5.83%)	50(8.33%)
Harvesting leaves	72(12%)	82(13.67%)	55(9.17%)	209(34.83%)
Harvest leaves & stem tops	115(19.17%)	116(19.33%)	110(18.33%)	341(56.83%)
Harvest handling	**200(33.33%)**	**200(33.33%)**	**200(33.33%)**	**600(100%)**
Cleaning	95(15.83%)	103(17.17%)	115(19.17%)	313(52.17%)
Washing	96(16%)	47(7.83%)	42(7%)	185(30.83%)
Grading/sorting to remove poor material	2(0.33%)	34(5.67%)	37(6.17%)	73(12.17%)
Shredding	1(0.17%)	1(0.17%)	1(0.17%)	3(0.50%)
Produce held in shaded area awaiting packing	6(1%)	15(2.50%)	5(0.83%)	26(4.33%)
Processing techniques	**200(33.33%)**	**200(33.33%)**	**200(33.33%)**	**600(100%)**
Simple sun-drying	1(0.17%)	1(0.17%)	0(0%)	2(0.33%)
Sun-drying & grinding into powder	2(0.33%)	4(0.67%)	1(0.17%)	7(1.17%)
None	197(32.83%)	195(32.50%)	199(33.17%)	591(98.50%)
Extension training on	**200(33.33%)**	**200(33.33%)**	**200(33.33%)**	**600(100%)**

AIVs			
Yes	53(8.83%)	52(8.67%)	62(10.33%)	167(27.83%)
No	147(24.50%)	148(24.67%)	138(23%)	433(72.17%)
Will to attend training on AIVs	**200(33.33%)**	**200(33.33%)**	**200(33.33%)**	**600(100%)**
Yes	178(29.67%)	178(29.67)	24(4%)	532(88.67%)
No	22(3.67%)	22(3.67%)	176(29.33%)	68(11.33%)

O Quadro 11.4 mostra que cerca de três quartos (73,17%) de todos os agricultores da amostra produziram AIVs em stand puro. Quase metade (46%) de todos os inquiridos afectou menos de 10% das suas terras à produção de AIVs. Cerca de 47% dos agricultores utilizaram estrume orgânico na produção de AIVs. Um pequeno número de agricultores, 16,67% e 30,83%, utilizou fertilizantes inorgânicos e sementes melhoradas, respetivamente, enquanto 5% não utilizaram qualquer insumo. Quase metade dos agricultores da amostra (46,50%) utilizou estrume do quintal, 20,83% utilizaram estrume de compostagem, 20,33% utilizaram DAP, 5,17% utilizaram NPK, 1,17% utilizaram ureia e 6% não aplicaram fertilizantes. Um pouco mais de metade dos agricultores da amostra (56,33%) controlava as ervas daninhas mecanicamente, cavando, mas a maioria (71,17%) usava inseticida para controlar as pragas nas suas explorações. As marcas de insecticidas mais utilizadas foram: Dimetoato (0,17%), Cipermetrina (6,50%), Thiodan (1,83%), Dithane (1,83%), Ridomil (8,67%) e Oxicloreto de cobre (0,17%). Um grande número de agricultores (80,83%) utilizou outras marcas de insecticidas, nomeadamente Diazol, Duduthrin, Rocket, Ambush, Karate-Zeon, Dodadim, OswalBestox pc 50, Tropical, Agrinet, Actellic, Nano-silver, Easygrow, Cyclone 505ec, Alphamethrin 10ec, Atom ec25, Tornado 900sp, Twiga Ace 20sl, Chariot, Actara 25wg, Thunder, Ametix, Baytone, Plantone 4.5sl, Pyrenone, Karate 5ec. Cerca de 3% dos inquiridos utilizaram produtos tradicionais (cinzas). Mais de metade dos inquiridos (56,83%) colhem folhas e caules, enquanto 52,17% tratam os produtos através da limpeza. Apenas (1,17%) dos inquiridos acrescentam valor ao produto através da transformação por meio de técnicas de separação e moagem. Cerca de 27,83% receberam formação de extensão sobre AIVs, enquanto 88,67% estavam dispostos a receber essa formação. Os agricultores e os informadores-chave apontaram a necessidade de formação em aspectos como: comercialização de produtos hortícolas, materiais de plantação e preparação do terreno, controlo de pragas e doenças, irrigação, valor nutricional dos AIVs, variedades de AIVs, fertilizantes, práticas pós-colheita, manutenção de registos, utilização de estufas, preparação de viveiros, comercialização de AIVs, tecnologias de conservação e transformação, fertilizantes caseiros, tipos de pulverização e análise do solo.

4.4.4 Outras práticas agrícolas

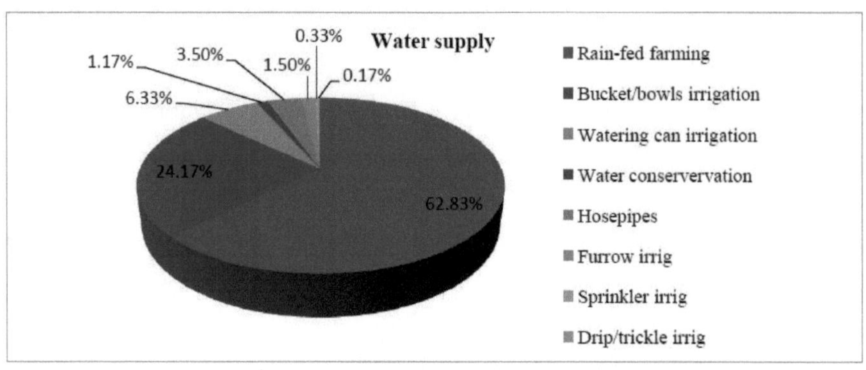

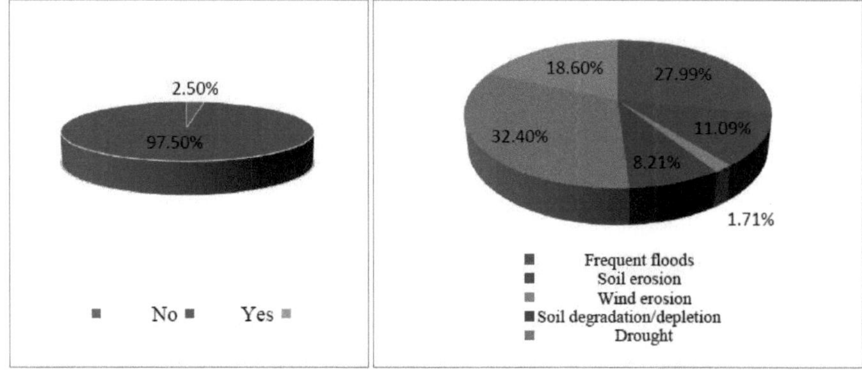

Figura 6.4: Efeito do abastecimento de água e do clima na produção de AIVs

A maioria dos agricultores (62,83%) recorre à agricultura de sequeiro para a produção de AIV. A irrigação com recurso a combinações complexas de equipamentos e técnicas ainda se encontra num nível inferior (menos de 1%). Quase todos os agricultores (97,50%) sentiram o efeito das alterações climáticas nas suas actividades agrícolas. Os efeitos negativos foram a seca (32,40%), as inundações frequentes (27,99%), as doenças das plantas (18,60%), a erosão dos solos (11,09%), a degradação/esgotamento dos solos (8,21%) e a erosão eólica (1,71%).

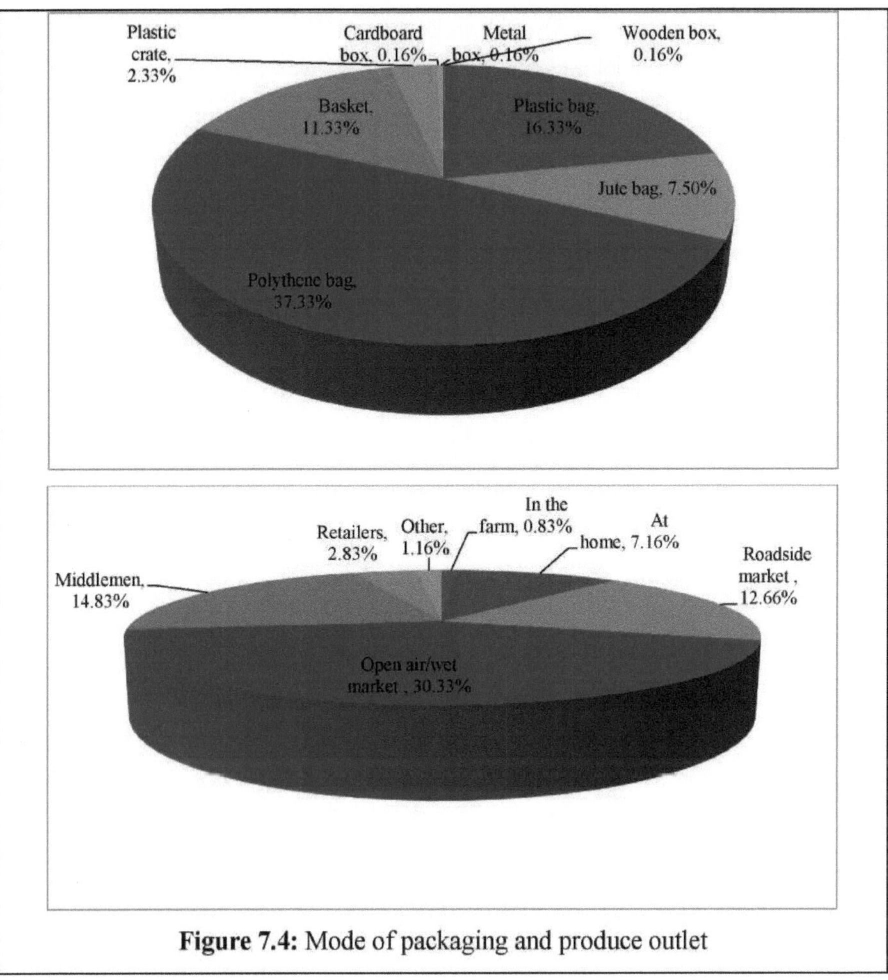

Figure 7.4: Mode of packaging and produce outlet

A maioria dos agricultores AIV embala os seus produtos em sacos de polietileno (37,33%) e vende os seus produtos no mercado ao ar livre/húmido (30,33%).

Os resultados mostram que a maioria dos agricultores AIV ainda utiliza ou pratica métodos tradicionais de cultivo e que a utilização de combinações complexas de equipamentos e técnicas ainda se encontra num nível inferior.

4.5 Avaliação dos factores que influenciam a CAP dos agricultores

4.5.1 Resultados do modelo logístico multinomial (MNL)

O Quadro 12.4 apresenta os resultados da regressão multinomial com CAP e as variáveis dependentes. Como esperado, a maior parte das variáveis sociodemográficas e das características das explorações agrícolas, como o género, a educação, a profissão, os anos de experiência na agricultura, a posse da terra e o total de terras possuídas pelos agricultores, tiveram um efeito positivo significativo nos conhecimentos, atitudes e práticas dos agricultores. No entanto, a idade e a dimensão da família não foram significativamente associadas às CAP dos agricultores. No que diz respeito à utilização de ferramentas na preparação da terra, a utilização de enxadas e bois teve uma influência positiva significativa no CAP, enquanto a utilização de tractores influenciou positivamente as práticas agrícolas. Os efeitos marginais no modelo de regressão ajustado implicam que uma mudança unitária nas variáveis preditoras aumentaria a probabilidade de ter um maior conhecimento, atitude e adoção de boas práticas agrícolas.

Quadro 12.4: Resultados da regressão logística multinomial

Variables	Knowledge				Attitude				Practice			
	Marginal effects	Std. Err.	z	p>z	Marginal effects	Std. Err.	z	p>z	Marginal effects	Std. Err.	z	p>z
Gender												
Female	0.335	0.050	6.68	0.000	0.404	0.051	7.81	0.000	0.260	0.046	5.65	0.000
Male	0.339	0.022	14.86	0.000	0.299	0.021	13.74	0.000	0.360	0.023	15.53	0.000
Education												
No formal education	0.227	0.059	3.80	0.000	0.441	0.071	6.14	0.000	0.330	0.069	4.75	0.000
Primary school	0.348	0.028	12.39	0.000	0.328	0.027	11.85	0.000	0.323	0.027	11.60	0.000
Professional training	0.492	0.086	5.67	0.000	0.189	0.066	2.84	0.004	0.318	0.078	4.05	0.000
Secondary school	0.341	0.038	8.87	0.000	0.298	0.036	8.23	0.000	0.360	0.039	9.21	0.000
University	0.309	0.089	3.44	0.001	0.286	0.100	2.86	0.004	0.404	0.107	3.77	0.000
Main occupation												
Farming	0.336	0.027	12.20	0.000	0.299	0.027	10.99	0.000	0.363	0.028	12.84	0.000
Salaried employment	0.383	0.060	6.30	0.000	0.364	0.064	5.67	0.000	0.252	0.052	4.82	0.000
Business	0.357	0.053	6.66	0.000	0.356	0.052	6.77	0.000	0.285	0.049	5.78	0.000
Casual worker on-farm	0.214	0.116	1.84	0.066	0.310	0.129	2.40	0.016	0.474	0.139	3.40	0.001
Casual worker off-farm	0.308	0.055	5.56	0.000	0.304	0.054	5.56	0.000	0.386	0.058	6.60	0.000
Farming experience												
0-5 years	0.336	0.037	9.00	0.000	0.361	0.038	9.47	0.000	0.302	0.036	8.26	0.000
6-10 years	0.349	0.045	7.68	0.000	0.322	0.045	7.07	0.000	0.328	0.045	7.28	0.000
11-15 years	0.287	0.051	5.62	0.000	0.371	0.053	6.98	0.000	0.340	0.052	6.45	0.000
16-20 years	0.347	0.051	6.75	0.000	0.249	0.047	5.24	0.000	0.402	0.053	7.53	0.000
>20 years	0.363	0.045	8.07	0.000	0.279	0.039	7.09	0.000	0.356	0.044	7.93	0.000
Age		0.007	0.12	0.908		0.006	-1.01	0.313		0.007	-0.12	0.908
Household size		0.044	-1.12	0.262		0.042	-0.28	0.782		0.044	1.12	0.262
Land tenure												
Land owned	0.343	0.020	16.73	0.000	0.315	0.019	15.98	0.000	0.341	0.020	16.71	0.000
Land rented	0.289	0.091	3.15	0.002	0.385	0.092	4.15	0.000	0.325	0.092	3.52	0.000
Total land												
Large farmer	0.414	0.205	2.01	0.044	0.203	0.192	1.06	0.290	0.382	0.228	1.67	0.094

Medium farmer	0.402	0.054	7.44	0.000	0.324	0.051	6.26	0.000	0.273	0.047	5.71	0.000
Small farmer	0.328	0.021	15.21	0.000	0.318	0.021	15.10	0.000	0.353	0.021	16.06	0.000
Ploughing tools												
Hoe	0.328	0.020	16.13	0.000	0.336	0.020	16.35	0.000	0.334	0.020	16.36	0.000
Ox-plough cultivation	0.420	0.086	4.86	0.000	0.273	0.083	3.26	0.001	0.306	0.077	3.96	0.000
Tractor	0.409	0.290	1.41	0.158	0.000	0.000	1.63	0.102	0.590	0.290	2.03	0.042
Constant		1.148	0.19	0.851		1.483	0.54	0.588		1.148	-0.19	0.851

Wald chi2(40) = 519.87		Log likelihood = -642.07972		Number of observations= 600
Prob > chi2 = 0.0000		Pseudo R2 = 0.0259		

Todas as variáveis independentes tinham factores de inflação da variância (VIF) inferiores a 1,24, indicando a ausência de multicolinearidade grave. O teste de adequação multinomial (mgof) produziu um valor de qui-quadrado de 0,0467 em 1,9906 graus de liberdade e um valor de p de 0,9894, sugerindo que o nosso modelo se ajusta razoavelmente bem.

4.6 Identificação da tendência na produção de AIVs

A figura 8.4 mostra os resultados da análise do objetivo dos agricultores para os próximos 5 anos.

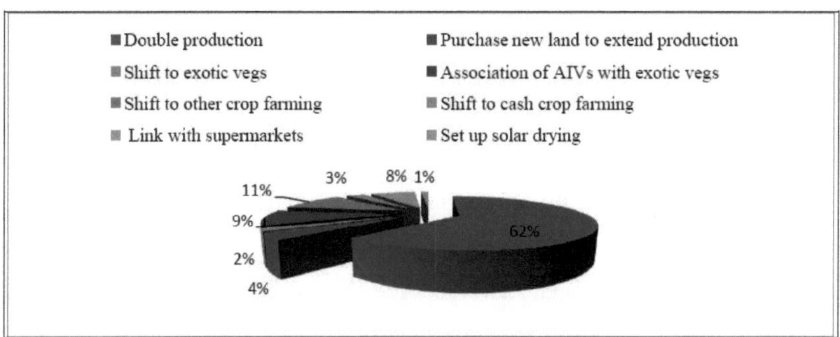

Figura 8.4: Tendência da produção de AIVs

A maioria dos agricultores (62%) tenciona duplicar a produção de AIV.

4.7 Principais constrangimentos à produção de produtos hortícolas autóctones africanos

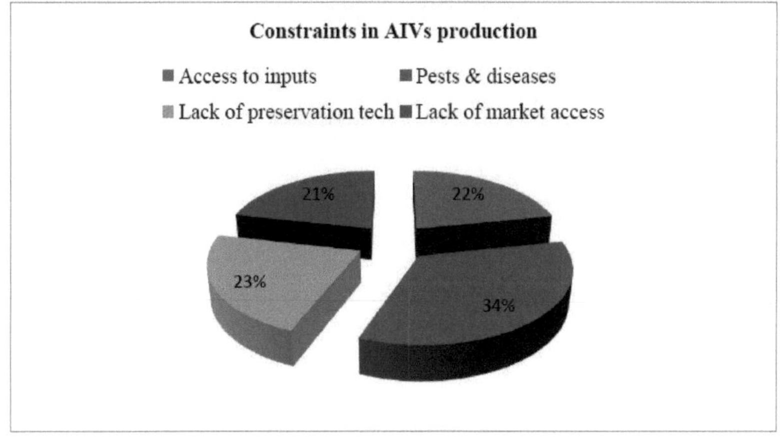

Figura 9.4: Restrições na produção de AIVs

Quando questionados sobre os constrangimentos encontrados na produção de AIVs, um número considerável (40,82%) mencionou a falta de acesso a factores de produção como um obstáculo à intensificação das culturas de AIVs, outros 63,78% apontaram as pragas e doenças nas culturas como um problema grave na produção de AIVs, enquanto 40,31% citaram a falta de acesso ao mercado e 42,52% a falta de tecnologias de conservação e transformação. Além disso, as informações recolhidas em entrevistas orais com agricultores revelaram outros obstáculos à intensificação das culturas de AIV, nomeadamente preços baixos durante as épocas altas, mão de obra dispendiosa, esgotamento dos solos, seca, roedores, fragmentação das terras, falta de formação, falta de equipamento de proteção (por exemplo, botas de proteção), sementes de má qualidade, ladrões, devastação por animais domésticos, perturbação por aves, estradas deficientes, neve fria, geada e escassez de água.

4.8 Formas recomendáveis de promover a produção de AIVs

Pediu-se aos agricultores que sugerissem o caminho a seguir para melhorar a produção e a utilização de AIVs no Quénia. As várias sugestões dos agricultores são apresentadas na figura 10.4.

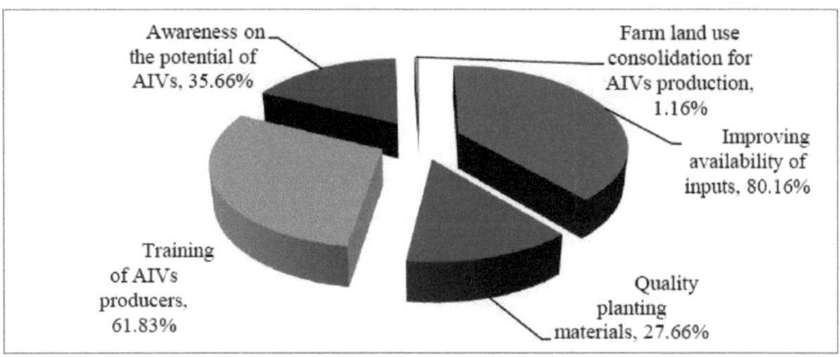

Figura 10.4: Opinião dos agricultores sobre a melhoria da produção e utilização de AIV

As propostas incluíam: melhorar a disponibilidade de factores de produção (80,16%), formação dos produtores de AIVs (61,83%), sensibilização para o potencial dos AIVs (35,66%), materiais de plantação de qualidade (27,66%) e consolidação da utilização das terras agrícolas para a produção de AIVs (1,16%). Outras formas sugeridas pelos agricultores e informantes-chave incluem: disponibilidade de mercado, acesso a financiamento, melhoria do acesso à água para irrigação, formação de associações/fóruns de agricultores de AIVs, catalisação de serviços de extensão, ajuda no acesso à informação, instalações de irrigação, bombas de água, abastecimento de furos de água, tratamento de geadas e criação de canais de mercado de AIVs. Outro ponto-chave levantado pelos agricultores e informantes-chave foi a formação.

As áreas de formação sugeridas incluem: comercialização de produtos hortícolas, materiais de plantação e preparação do terreno, formação sobre controlo de pragas e doenças, irrigação na produção de AIVs, valor nutricional dos AIVs, variedades de AIVs, aplicação de fertilizantes; práticas pós-colheita, manutenção de registos, utilização de estufas, preparação de viveiros, sensibilização para o mercado potencial de AIVs, tecnologias de preservação e transformação, fertilizantes caseiros, tipos de pulverização e análise do solo.

CAPÍTULO 5

5.0 SÍNTESE, CONCLUSÃO E RECOMENDAÇÕES

5.1 Resumo

Este estudo visava avaliar o conhecimento, a atitude e a prática (CAP) dos legumes indígenas africanos entre os pequenos agricultores do Quénia e investigou os factores que influenciam o CAP entre esses agricultores. Além disso, o estudo investigou a tendência da produção de AIV; identificou os constrangimentos associados à produção de AIV e sugeriu formas recomendáveis de reduzir esses constrangimentos, a fim de melhorar a produção e a utilização de AIV no Quénia.

Todas as nove afirmações foram respondidas individualmente de forma correcta por mais de três quartos dos inquiridos, pelo que se pode concluir que os inquiridos conhecem o valor e os benefícios dos legumes indígenas africanos. Este conhecimento ainda precisa de ser melhorado de modo a ter impacto nas melhores práticas agrícolas. Além disso, a sua atitude em relação aos AIVs é positiva. Em termos de práticas, a maioria dos agricultores eram pequenos proprietários de terras. Por exemplo, em Nyamira, onde a terra está largamente fragmentada, os AIV são cultivados à volta das propriedades, enquanto em Machakos e em algumas partes de Busia as culturas cobrem áreas relativamente maiores. As constatações revelaram uma baixa utilização das melhores práticas na agricultura de AIV, que continua a depender de práticas convencionais, especialmente no controlo de pragas e doenças, na utilização de factores de produção e na lavoura. Integraram uma variedade de técnicas, sobretudo modos tradicionais de produção de AIV. Cerca de 94,83% dos inquiridos aplicam insumos, embora recorram mais ao estrume orgânico. O estudo de Svotwa et al. (2009) sublinha que os agricultores utilizam a agricultura biológica como uma estratégia menos dispendiosa. Embora a maioria dos inquiridos utilizasse pesticidas, como também foi confirmado em vários estudos como Obopile et al. (2007) e (Abang et al. 2014), não tinham um bom conhecimento sobre o manuseamento de pesticidas. Cerca de 3% dos inquiridos utilizavam métodos tradicionais de controlo de pragas e doenças, como a cinza. Nas nossas constatações, à semelhança das constatações de Elizabeth e

Zira (2009), foi referido que a maioria dos agricultores de AIVs tinha conhecimento dos serviços de extensão e reconhecia a utilidade dos serviços de extensão. No entanto, a maioria nunca foi visitada pelos prestadores de serviços de extensão, o que provavelmente resultou na incapacidade dos agricultores de identificar pragas e doenças de hortaliças, na falta de habilidades de manejo de pragas, na falta de bons conhecimentos sobre o uso de pesticidas químicos (Abang et al. 2014) e na incapacidade de mencionar o nome de um produto químico.

A análise empírica dos factores que influenciam o CAP dos agricultores revelou que a maior parte das variáveis sociodemográficas e das características das explorações agrícolas, como o sexo, a educação, a profissão, os anos de experiência na agricultura, a posse da terra e o total de terras possuídas pelos agricultores, tiveram um efeito positivo significativo nos conhecimentos, atitudes e práticas dos agricultores. No entanto, a idade e a dimensão da família não foram significativamente associadas às CAP dos agricultores. No que diz respeito à utilização de ferramentas na preparação da terra, a utilização de enxada e de boi teve uma influência positiva significativa no CAP, enquanto a utilização de trator influenciou positivamente as práticas agrícolas.

5.2 Conclusão

Este estudo fornece informações de base sobre lacunas de conhecimentos, atitudes e práticas entre os agricultores de AIV nas diferentes regiões objeto do estudo. Este estudo mostrou que o perfil dos agricultores pode afetar a adoção de novas tecnologias na produção de AIV. O nível de experiência e de conhecimentos dos agricultores sobre os atributos e as tecnologias dos AIV, como sementes melhoradas, fertilizantes e estratégias de controlo de pragas, disponíveis há décadas, deve ser explorado para impulsionar a produção de AIV no Quénia. No entanto, os tipos modernos de estratégias de controlo de pragas

requerem um elevado nível de especialização por parte dos agricultores e dos extensionistas, a fim de serem aplicados de forma mais eficaz.

5.3 Recomendações

O presente estudo e outros aqui citados não apontam apenas factores socioeconómicos que podem afetar o conhecimento e a adoção de novas tecnologias na agricultura de AIV. O estudo propõe o seguinte, a fim de melhorar o nível de conhecimentos, atitudes e práticas dos agricultores e abordar os constrangimentos associados à produção, à utilização e ao consumo de AIV, com referência aos resultados obtidos nos condados de Busia, Nyamira e Machakos, no Quénia.

a) Melhorar a disponibilidade de factores de produção (sementes e fertilizantes). Os agricultores manifestaram preocupação com o elevado custo dos factores de produção na produção de AIV. O Governo deveria subsidiar a agricultura de AIVs para os reposicionar no sector hortícola como principal contribuinte para a segurança alimentar e nutricional e no contexto de uma agricultura orientada para o mercado.

b) Formação dos produtores de AIV. O único conhecimento disponível entre os agricultores é o conhecimento local dos atributos dos AIV. É necessário que os agricultores recebam formação sobre as tecnologias básicas utilizadas na agricultura moderna, nomeadamente sobre os AIV. As áreas de formação sugeridas incluem: comercialização de produtos hortícolas, formação sobre controlo de pragas e doenças, irrigação com água na produção de AIVs, aplicação de fertilizantes, práticas pós-colheita, utilização de estufas, preparação de viveiros, conhecimento do mercado potencial de AIVs, espaçamento durante a plantação, tecnologias de conservação e transformação, tipos de pulverização e análise do solo, entre outros.

c) Consolidação da utilização das terras agrícolas para a produção de AIV. A consolidação da utilização das terras englobaria iniciativas como o desenvolvimento de infra-estruturas de cultivo, irrigação e mecanização, a fim de colocar mais terras em produção de AIV, evitar a dependência do sistema de agricultura de sequeiro e utilizar a energia das explorações agrícolas no contexto de uma agricultura orientada para o mercado. A consolidação da utilização das terras como componente motriz da intensificação das culturas pode contribuir para mitigar a fome e a pobreza nas zonas rurais do Quénia.

d) Disponibilizar serviços de aconselhamento de proximidade aos agricultores. Os serviços de extensão podem colmatar o défice de informação e ter um impacto ainda maior. Os extensionistas e agrónomos devem ser recrutados para trabalhar nas aldeias e mobilizar os agricultores para as culturas prioritárias adaptadas às respectivas zonas. Os mesmos serviços podem contribuir para mobilizar os agricultores a formar cooperativas ou outros grupos de agricultores.

e) Promover a Escola de Campo para Agricultores (FFS) como uma abordagem de extensão participativa na agricultura para promover a produção de AIVs e outras culturas prioritárias. O Governo deve criar grupos de FFS na produção agrícola, numa tentativa de aumentar a produtividade dos AIV. O papel complementar do sector privado no desenvolvimento das FFS é um fator importante neste processo. As FFS podem contribuir para a expansão dos conhecimentos técnicos, para a integração da investigação no terreno e para a procura contínua de inovações na agricultura.

5.4 Sugestões para investigação futura

Os agricultores mostraram-se preocupados com a infestação de insectos nas suas culturas de AIVs em algumas partes das áreas estudadas. É necessário realizar investigação no domínio do controlo de pragas para investigar esses insectos. É também necessário explorar a razão pela qual os agricultores têm conhecimentos sobre os AIV mas não os aplicam para melhorar a produção de AIV.

REFERÊNCIAS

Abang, A. F., Kouame, C. M., Abang, M, Hanna, R. & Fotso, A. K. (2014). Avaliação do conhecimento dos agricultores de hortaliças sobre doenças e pragas de insectos de hortaliças e práticas de gestão em condições tropicais, *International Journal of Vegetable Science,* 20(3): 240-253.

Abukutsa, M. O. O. (2010). Vegetais indígenas africanos no Quénia: Strategic Repositioning in the Horticulture Sector. Segunda Palestra Inaugural da Universidade de Agricultura e Tecnologia Jomo Kenyatta, sexta-feira, 30th abril de 2010.

Abukutsa, M. O. O. (2003). Unexploited potential of Indigenous African Vegetables in Western Kenya, *Maseno Journal of Education Arts and Science* 4(1): 103-122.

Abukutsa, M. O. O. (2014). Strategic Repositioning African Indigenous Vegetables and Fruits with Nutrition, Economic and Climate Change Resilience Potential, in *Novel Plant Bioresources: Applications in Food, Medicine and Cosmetics* (Eds. John Wiley & Sons Ltd), West Sussex, UK: 361-369.

Abukutsa, M. O. O. (2007). A diversidade dos legumes de folha africanos cultivados em três comunidades do Quénia Ocidental. *Afr. J. FoodAgr. Dev.,* **7**(3): 1-15.

Afari-Sefa, V., Tenkouano, A., Ojiewo, C. O., Keatinge, J. D. H., & Hughes, J. D. A. (2012). Cultivo de vegetais em África: constrangimentos, complexidade e contribuições para alcançar a segurança alimentar e nutricional. *Segurança Alimentar*, 4:115-127.

Alberto, L. (2015). Promoção da I&D de hortícolas locais em benefício dos pequenos agricultores. Disponível via http://www.scidev.net/sub-saharan-africa/farming/feature/local- vegetais-r-d.html#sthash.sgAEdweg.dpuf Acesso em 06/02/2016.

Allport, G. W. (1935). *Attitudes,* Murchison C. (Ed.), Handbook of social psychology (pp. 798-844), Worcester, MA, Clark University Press.

Bulmer, M. & Warwick, D. P. (1998). Social research in developing countries: surveys and consensus in the third world, UCL press.

Banco Central do Quénia (2013). Foreign Exchange Rates (Taxas de câmbio de 31/12/2013). https://www.centralbank.go.ke/index.php/rate-and-statistics.

Chelang'a, P. K., Obare, G. A., & Kimenju, S. C. (2013). Análise da disponibilidade dos consumidores urbanos para pagar um prémio pelos legumes de folha africana (ALV) no Quénia: um caso da cidade de Eldoret. *Segurança Alimentar,* 5: 591-595.

Chweya, J. A. & Eyzaguirre, P. B. (1999). The biodiversity of traditional leafy vegetables. Instituto Internacional de Recursos Genéticos Vegetais, Roma.

Chweya, J. A. & Mnzava, N. A. (1997). Cat's whiskers. Cleome gynandra L. Promoção da conservação e utilização de culturas subutilizadas e negligenciadas. 11. Institute of Plant Genetics and Crop Plant Research, Gatersleben/International Plant Genetic Resources Institute, Roma, Itália.

Cochran, W. G. (1997). *Sampling Techniques,* 2ª ed., Nova Iorque: John Wiley and Sons, Inc.

Cressie, N. & Timothy, R. C. (1984). Multinomial Goodness-of-Fit Tests. *Journal of the Royal Statistical Society.* Série B (Metodológica), 46, **3**: 440-464.

Dalal, S., Baunza, J. J., & Volmink, J. (2011). Non-communicable diseases in subSaharan Africa, what we know (Doenças não transmissíveis na África Subsariana, o que sabemos). *Jornal Internacional de Epidemiologia,* 40, 885-901.

Dolan, C. & Sutherland, K. (2003). Gender and Employment in the Kenya Horticulture Value Chain. Documento de discussão 8. Programa de Investigação sobre Globalização e Pobreza do Departamento para o Desenvolvimento Internacional. Universidade de East Anglia, Reino Unido.

Dovie, D. B. K, Shacklton, C. M. & Witkowsk, E.T.F. (2002). Direct-use values of woodland resources consumed and traded in a South African village (Valores de uso direto dos recursos florestais consumidos e comercializados numa aldeia sul-africana). *Revista Internacional para o Desenvolvimento Sustentável.* World Ecology 9: 269283.

Elizabeth, S. & D. Zira (2009). Awareness and effectiveness of vegetable technology information packages by vegetable farmers in Adamawa State, Nigeria. *Journal of*

Agriculture Research, 4(2):65-70.

Fanzo, J. (2012). O desafio da nutrição na África Subsariana: Documento de trabalho. Programa das Nações Unidas para o Desenvolvimento, Gabinete Regional para África, WP 2012-012.

Organização das Nações Unidas para a Alimentação e a Agricultura (2004). Fruit and vegetables for health, Relatório de um workshop conjunto FAO/OMS, 1-3 de setembro, Kobe, Japão.

Feder, G. & Slade, R. (1994). The acquisition of information and the adoption of new technology. *American Journal of Agricultural Economics,* 66 (2):312-320.

Figueroa, B. M., Tittonell, P., Giller, K. E., & Ohiokpehai, O. (2009). The contribution of traditional vegetables to household food security in two communities of Vihiga and Migori districts, Kenya. Em *Ata Horticulturae* (Ed. ISHS), 57-64.

Frank, J. D. (Emérito), Joseph, G. M. & Sam, C. (2009). *The Texas Vegetable Growers Handbook,* 4th Edition. Texas A&M University, Horticultural and Forestry Sciences Building, College Station, Texas.

Grubben, G. J. (2004). Plant Resources of Tropical Africa (Recursos Vegetais da África Tropical). PROTA, Wageningen, Países Baixos. Vegetais; p. 667. (Série 2).

Hart, T. G. B. & Vorster, H. J. (2006). Indigenous Knowledge on the South African Landscape Potentials for Agricultural Development (Conhecimentos Indígenas sobre a Paisagem Sul-Africana - Potenciais para o Desenvolvimento Agrícola). Programa de Desenvolvimento Urbano, Rural e Económico. Occasional paper N 1. HSRC Press, Cidade do Cabo, África do Sul.

Desenvolvimento integrado da pesca artesanal (1994). Programa de desenvolvimento integrado da pesca artesanal na África Ocidental, relatório técnico IDAF N° 60 ftp://ftp.fao.org/docrep/fao/006/AD342E/AD342E00.pdf.

Israel, G. D. (1992). *Sampling the Evidence of Extension Program Impact,* Program Evaluation and Organizational Development, IFAS, Univ. of Florida, PEOD-5, outubro.

Jansen, W. S. & Vorster, H. J. (2005). The utilization of traditional leafy vegetables. 6th International Food Data Conference, 14-16 de setembro de 2005, Universidade de Pretória, Pretória, África do Sul. Não publicado. Disponível em ARC-VOPI, Pretória, África do Sul.

Jansen, W. S., Averbeke, W., Slabbert, R., Faber, M., Jaarsveld, P., Heerden, I., Wenhold, F. & Oelofse, A. (2007). African leafy vegetables in South Africa, Water SA (on-line), Vol. 33, No 3 (Special Edition).

Juma, C. (2011). The new harvest, Agricultural innovation in Africa, Oxford University Press.

Serviço Nacional de Estatística do Quénia (2009). Censo da População e Habitação do Quénia de 2009.

Kokwaro, J. O. (1993). Medicinal Plants of East Africa, Segunda Edição, Gabinete de Literatura do Quénia, Nairobi.

Krishnan, V. (2010). Construção de um índice socioeconómico baseado na área: A Principal Components Analysis Approach, ECmap: 20-22.

Likert, R. (1932). A technique for the measurement of attitudes, Arch Psychol., 22 (140):1-55.

Ministério da Agricultura (2013). Horticultura nacional: Relatório validado, 2013, Nairobi, Quénia.

Mnzava, N. A. (1997). Diversificação das culturas hortícolas e o lugar das espécies tradicionais. In: Guarino L.editor 1997, *Traditional African vegetables. Promovendo a conservação e o uso de culturas subutilizadas e negligenciadas.* 16. Instituto de Investigação em Genética Vegetal e Plantas Cultivadas, Gatersleben/Instituto Internacional de Recursos Genéticos Vegetais, Roma, Itália.

Mohammad, A. K. (2007). Factores que afectam as escolhas de emprego na zona rural do noroeste do Paquistão. Universidade de Kassel-Witzenhausen e Universidade de Gottingen. Conferência sobre Investigação Agrícola Internacional para o Desenvolvimento. outubro de 2007.

Muhanji, G., Roothaert, R. L., Webo, C. & Mwangi, S. (2011). Empresas hortícolas indígenas africanas e acesso ao mercado para pequenos agricultores na África Oriental. *Revista Internacional de Sustentabilidade Agrícola,* 9:1, 194-202.

Myers, R. H. (1990). Classical and modern regression with applications. 2nd edition Boston: PWS and Kent Publishing Company, Inc., 63,221-222.

Nekesa, P. & Meso, B. (1997). Legumes tradicionais africanos no Quénia: produção, comercialização e utilização. In: *Traditional African Vegetables.* Promovendo a conservação e o uso de culturas subutilizadas e negligenciadas. 16. Instituto de Investigação em Genética Vegetal e Plantas Cultivadas, Instituto Internacional de Recursos Genéticos Vegetais de Gatersleben, Roma, Itália: 98-103.

Ngugi, I. K., Gitau, R. & Nyoro, J. K. (2007). Access to high value markets by smallholder farmers of African indigenous vegetables in Kenya. Regoverning Markets Innovative Practice series, IIED, Londres.

Obopile, M., Munthali, D. C. & Matilo, B. (2007).Conhecimentos dos agricultores, percepções e gestão de pragas e doenças dos vegetais no Botsuana. Departamento de Ciência e Produção de Culturas, Faculdade de Agricultura do Botswana, Gaborone, Botswana.

Olembo, N. K., Stephen, S. F. & Edah, S. N. 1995. Plantas medicinais e agrícolas da Divisão de Ikolomani, Distrito de Kakamega. Parceiros de Desenvolvimento. Nairobi.

Osgood, C. E., Suci, G. & Tannenbaum, P. (1957). *The measurement of meaning,* Urbana, IL: University of Illinois Press, EUA.

Paulhus, D. L. (1984). Two-component models of socially desirable responding (Modelos de dois componentes da resposta socialmente desejável). *Journal ofpersonality and social psychology, 46(3):* 598-609.

Rose, E. F. & Guillarmod, A. J. (1974). Plantas colhidas como géneros alimentícios pelos povos do Transkeian. Suid-Afrikaanse Mediese Tydskrif 861: 688-1690.

Rubaihayo, E. B. (1997). Conservação e utilização de legumes tradicionais no Uganda. In: Guarino L (ed.) *Traditional African Vegetables.* IPGRI, Roma: 104-116.

Schippers, R. R. (1997). Domestication of indigenous vegetables for sub-Saharan Africa: a strategy paper, in: Schippers, R. e Budds, L. (eds), African Indigenous Vegetables Workshop Proceedings, Limbe, Camarões, 13-18 de janeiro de 1997: 125-135.

Schippers, R. R. (2000). Vegetais Indígenas Africanos. An Overview of the Cultivated Species. Natural Resources Institute/ACP-EU Technical Centre for Agricultural and Rural Cooperation, Chatham, UK.

Shackleton, C. M., Netshiluvhi, T. R., Shackleton, S. E., Geach, B. S., Ballance, A. & Fairbanks, D. F. K. (1999). Valores de uso direto dos recursos florestais de três aldeias rurais. Relatório não publicado No. ENV-P-I 98210. Pretória: CSIR.

Shackleton, S., Shackleton, C. & Cousins, B. (2000). Revalorização das terras comunais da África Austral: uma nova compreensão dos meios de subsistência rurais. *Natural Resource Perspectives,* 62: 1-4.

Shackleton, C. M, Shackleton, S. E, Netshiluvhi, T. R, Geach, B.S, Balance, A. & Fairbanks D. F. K. (2002). Use patterns and value of savannah resources in three rural villages (Padrões de utilização e valor dos recursos da savana em três aldeias rurais). *Econ. Bot.*56(2): 130-146.

Shackleton, C. M. (2003). A prevalência da utilização e o valor das ervas silvestres comestíveis na África do Sul. South African Journal of Science 99 (janeiro/fevereiro): 23-25.

Shackleton, C. M., Margaret, W. P. & Axel, W. D. (2009). African Indigenous Vegetables in urban Agriculture, Earthscan/Dustan House, Londres, Reino Unido.

Smith, I. F. & Eyzaguirre, P. (2007). Vegetais de folha africanos: O seu papel na Iniciativa Global de Frutas e Legumes da OMS. *Revista Africana de Alimentação, Agricultura, Nutrição e Desenvolvimento,* 7 (3): 1-17.

Sombroek, W. G., Braun, H. M. H. & Pouw, B. J. A. (1982). Mapa Exploratório do Solo e Mapa da Zona Agro-Climática do Quénia, 1980, Escala: 1:1'000'000, Exploratory Soil Survey Report No. E1, Kenya Soil Survey Ministry of Agriculture -

National Agricultural Laboratories, Nairobi, Kenya.

Sosina, B., Holden, S. & Barrett, B. C. (2009). Escolha de atividade no emprego rural não agrícola (RNFE): Survival versus accumulative strategy.

Staggers-Hakim, R. (2012). O impacto da globalização na prevalência da obesidade: tendências e implicações para a saúde na África Subsariana, na *Global Awareness Society International 21ˢᵗ Conferência Anual,* Nova Iorque.

Svotwa, E., Baipai, R. & Jiyane J. (2009). Organic farming in the small holder farming sector of ZIMBABWE. *Journal of Organic Systems,* 4 (1) http://www.organic-systems.org/journal/Vol 4(1)/pdf/08-14 Svotwa-et-al.pdf

Swanson, B. B, R. & Sofranko, A. (1994). Improving agricultural extension, FAO http://www.fao. org/docrep/W5830E/w5830e00. htm.

Ton de Jona (1996). Types and Qualities of Knowledge, Lawrence Erlbaum Associates, Inc., AE Enschede, Países Baixos.

Vandamme, E. (2009). Conceitos e desafios na utilização de inquéritos Conhecimento-Atitude-Prática: Revisão da literatura. Departamento de Saúde Animal, Instituto de Medicina Tropical, Antuérpia, Bélgica, Não publicado.

Van Averbeke, W. & Juma, K. A. (2006). O cultivo de Solanum retroflexum Dun em Vhembe, Província do Limpopo, África do Sul. Proc. Int. Symp. on the Nutritional Value and Water Use of Indigenous Crops for Improved Livelihoods. 19-20 de setembro de 2006.

Vorster, I. H. J., Jansen, R. W., Van Zijl, J. J. B. & Venter, L. S. (2007). A importância dos vegetais de folha tradicionais na África do Sul. *Jornal Africano de Alimentação, Agricultura, Nutrição e Desenvolvimento,* 7(4):1-13.

Vorster, H. J., Jansen, W. S, Venter, S. L. & Van Zijl, J. J. B. (2005). (Re)-criar a consciência dos legumes de folha tradicionais nas comunidades. Workshop Regional sobre Vegetais de Folha Africanos para uma Nutrição Melhorada. Documento apresentado no Seminário Regional sobre Vegetais de Folha Africanos para uma Nutrição Melhorada, 6-9 de dezembro de 2005, IPGRI, Nairobi, Quénia (Disponível em ARC-VOPI, Pretória, África do Sul).

Vuyiswa, T., Phefumula, N. & Nomalungelo, G. (2012). As percepções das pessoas sobre os vegetais de folha indígenas: Um estudo de caso de Mantusini Location of the Port St Johns Local Municipality, no Cabo Oriental, África do Sul. Trabalho apresentado na conferência "Towards Carnegie III", Universidade da Cidade do Cabo, de 3 a 7 de setembro de 2012.

Wenga, G. R., Gordon, M. H. & Walker, A. F. (2003). Effects of enhanced consumption of fruit and vegetables on plasma antioxidant status and oxidative resistance of LDL in smokers supplemented with fish oil. *European Journal of Clinical Nutrition* **57**: 1303-1310.

Wood, S. & Tsu, V. (2008). Advocacia, comunicação e mobilização social para o controlo da TB: um guia para desenvolver inquéritos sobre conhecimentos, atitudes e práticas, Dados de Catalogação-na-Publicação da Biblioteca da OMS.

APÊNDICE 1: MATRIZES DE CORRELAÇÃO (n= 600)

	Género	Estado civil	Educação	Atividade principal	Experiência agrícola	Idade	Tamanho da família	Posse da terra	Total de terrenos	Ferramentas de lavoura
Género	1.0000									
Estado civil	0.8522	1.0000								
Educação	0.2867	0.2822	1.0000							
Atividade principal	0.2992	0.2683	0.0956	1.0000						
Experiência agrícola	-0.2195	-0.2104	-0.1832	-0.2448	1.0000					
Idade	-0.0664	-0.0619	-0.0950	0.0394	0.0693	1.0000				
Tamanho da família	0.0675	0.0655	0.0273	0.0615	0.0388	0.1104	1.0000			
Posse da terra	0.0027	0.0006	-0.0006	0.1244	-0.0178	0.0442	-0.0366	1.0000		
Total de terrenos	-0.0575	-0.0381	0.0276	0.0881	-0.1320	-0.0502	0.0827	0.0929	1.0000	
Ferramentas de lavoura	0.0885	0.0437	-0.0044	0.0331	0.0799	0.0522	0.0527	-0.0239	-0.0656	1.0000

APÊNDICE 2: QUESTIONÁRIO (PERGUNTAS PARA OS AGRICULTORES)

O meu nome é Donatien Ntawuruhunga, sou estudante de mestrado em Métodos de Investigação na Universidade de Agricultura e Tecnologia Jomo Kenyatta (JKUAT). Estou a fazer um inquérito sobre a produção de legumes indígenas africanos (AIVs) no Quénia. O seu agregado familiar foi selecionado aleatoriamente para a entrevista. A informação que fornecer será útil para o planeamento de projectos de produção e promoção de AIVs no Quénia.

Pedimos-lhe que responda às perguntas com a maior exatidão e honestidade possível, para que as nossas conclusões e actividades futuras se baseiem na análise da situação real da agricultura de AIV e dos problemas enfrentados por agricultores como o senhor. A sua contribuição será muito apreciada.

Parte 1: Antecedentes da entrevista

1.1 Detalhes do inquérito

Data da entrevista	................../................../..................
Nome do Enumerador	
Número do questionário	
Concelho[1]	
Circunscrição	
Ala	
Aldeia	
Nome do inquirido e número de telefone	
Coordenadas GPS (Latitude S, Longitude E)	
Elevação (m.a.s.l)	
Hora de início da entrevista	
Hora de fim da entrevista	

1.2 Situação social e demográfica dos inquiridos

1.2.1. Sexo do chefe do agregado familiar

	Sexo *(ver código)*
Masculino	

[1] M= Machakos, N= Nyamira, B= Busia

Feminino	

Género: 1=Masculino 0=Feminino

1.2.2. Idade do chefe do agregado

............anos de idade

1.2.3. Relação do inquirido com o chefe do agregado familiar

	Assinale a opção correcta
1. Autónomo	
2. Cônjuge	
3. Filho/filha	
4. Outros (especificar)	

1.2.4. Estado civil do chefe do agregado familiar

	Assinale a opção correcta
1. Único	
2. Casado	
3. Separado	
4. Divorciado	
5. Viúva/viúvo	

1.2.5. Características de educação do chefe do agregado familiar

	Assinale a opção correcta
1. Sem educação formal	
2. Ensino primário	
3. Ensino escolar de formação profissional	
4. Ensino secundário	
5. Ensino superior/universidade/faculdade	

1.2.6. Ocupação principal do chefe do agregado familiar

	Assinale a opção correcta
1. Agricultura (cultura + pecuária)	
2. emprego assalariado	
3. Negócios	
4. trabalhador ocasional na exploração agrícola	
5. trabalhador ocasional fora da exploração	

1.2.7. Composição do agregado familiar

Número de homens	Número	Número de mulheres	Número
Menos de 5 anos		Menos de 5 anos	

6-15 anos		6-15 anos	
16-25 anos		16-25 anos	
26-35 anos		26-35 anos	
36-45 anos		36-45 anos	
46-55 anos		46-55 anos	
Mais de 55 anos		Mais de 55 anos	

Parte 2: Verificação/teste dos conhecimentos dos agricultores sobre o valor, os benefícios para a saúde e o potencial dos AIV

2.1. Conhecimentos sobre o valor nutritivo dos AIV

Por favor, classifique as seguintes perguntas em relação à sua compreensão sobre o valor nutritivo dos legumes indígenas africanos

	Verdadeiro (3)	Falso (2)	Não sabe (1)
1 Os AIV contêm vitaminas essenciais, nomeadamente A, B e C, e minerais (como o cálcio e o ferro), bem como proteínas e calorias suplementares			
2 O elevado teor de proteínas e vitaminas dos AIV pode eliminar as carências das crianças, das mulheres grávidas e dos pobres			
3 Os AIV são alimentos da natureza e é essa naturalidade que os torna saudáveis e nutritivos			
4 A cozedura excessiva dos AIV destrói a maior parte dos fitoquímicos essenciais, especialmente os compostos fenólicos, que são benéficos em doses baixas			

2.2. Conhecimentos sobre o valor medicinal e os benefícios para a saúde dos AIV

Por favor, avalie as seguintes questões em relação à sua compreensão sobre o valor medicinal e os benefícios para a saúde dos vegetais indígenas africanos

	Verdadeiro (3)	Falso (2)	Não sabe(1)
Os AIV têm propriedades curativas para a saúde			

2.3. Conhecimentos sobre as vantagens agronómicas dos produtos hortícolas indígenas africanos

Por favor, avalie as seguintes questões em relação à sua compreensão das vantagens agronómicas dos legumes indígenas africanos

		Verdadeiro (3)	Falso (2)	Não sei (1)
1.	Os AIV estão bem adaptados a condições climáticas adversas e à infestação por doenças			
2.	Os AIVs são mais fáceis de cultivar em comparação com os seus homólogos exóticos			

2.4. Conhecimentos sobre a importância económica dos legumes indígenas africanos

Por favor, avalie as seguintes questões no que diz respeito à sua compreensão sobre a geração de rendimentos e oportunidades de emprego a partir de vegetais indígenas africanos

		Verdadeiro (3)	Falso (2)	Não sabe (1)
1.	Os AIV são produtos de base importantes para a segurança alimentar das famílias			
2.	Os AIV proporcionam oportunidades de emprego e geram rendimentos para a população rural			

Parte 3: Retratando as atitudes dos agricultores em relação aos legumes indígenas africanos

1. Por favor, avalie as seguintes questões em relação ao seu grau de apreciação/perceção sobre o valor, os benefícios para a saúde, as vantagens agronómicas e a importância económica dos legumes indígenas africanos

		Concordo plenamente (5)	De acordo (4)	Neutro (3)	Não concordo (2)	Discordo totalmente (1)
1.	AIVsfarming é uma atividade/negócio de mulheres					

2.	AIVsisalimentação das pessoas pobres, estilo de vida tradicional e alimentação da geração mais velha					
3.	O consumo de AIVs pode causar problemas de saúde					
4.	Os AIV não são cultivados e tratados de forma mais limpa					
5.	Os AIV não estão na moda e não estão na moda quando comparados com os alimentos rápidos como as batatas fritas					
6.	Os AIV consomem muito tempo a processar e a preparar em comparação com os "alimentos modernos"					

2. Por favor, classifique o seu grau de preferência por AIVs versus vegetais exóticos

	Concordo plenamente (5)	Concordo (4)	Neutro (3)	Discordar (2)	Discordo totalmente (1)
1.	O sabor, o aspeto e a qualidade dos alimentos AIV não são tão bons como os dos alimentos modernos					
2.	Os AIV são baratos de produzir e manter em comparação com os "alimentos modernos"					

3. Por favor, classifique a frequência de consumo de AIVs no seu agregado familiar

	Sempre (5)	Frequentemente (4)	Por vezes (3)	Raramente (2)	Nunca (1)
Com que frequência consome AIV no seu agregado familiar?					

4. Avalie a sua aceitabilidade dos atributos das receitas dos AIV

	Extremamente aceitável (5)	Aceitável	Neutro	Inaceitável	Extremamente inaceitável (1)

		(4)	(3)	(2)	
1	Cor				
2	Cheiro				
3	Textura				
4	Gosto				

5. Classifique a sua intenção de consumo no que respeita às receitas de AIV

	Comê-lo-ia todos os dias (7)	Comê-lo-ia muito frequentemente (duas vezes por semana) (6)	Comê-lo-ia frequentemente (uma vez por semana) (5)	Comê-lo-ia de vez em quando/ocasionalmente (uma vez por mês) (4)	Comê-lo-ia se estivesse disponível, mas não me esforçaria muito (3)	Comê-lo-ia quando não houvesse outro alimento disponível (2)	Nunca o vou comer (1)
Escala de classificação das acções alimentares							

6. Avalie as barreiras ao consumo de AIVs

		Classificação *(Ver código)*
1	Falta de conhecimentos e competências em matéria de preparação de AIV e de informação nutricional	
2	Falta de transferência de conhecimentos entre gerações para as crenças e a seletividade das gerações mais jovens	
3	A urbanização e a modernização alteraram os hábitos alimentares e induziram uma falta de	
	do interesse dos jovens pelo conhecimento dos AIVs	
4	Falta de transferência de conhecimentos das instituições de investigação sobre os benefícios nutricionais dos AIV	
5	Outros (especificar)..........................	

Classificação: 3= Mais grave 2= Razoavelmente grave 1= Menos grave

Parte 4: Investigação das práticas dos agricultores AIV

1. Qual é o seu estatuto de proprietário de terras? Assinale a opção correcta

	Regime de propriedade da terra	Assinale a opção correcta
1.	Terrenos detidos	
2.	Terreno arrendado	
3.	Outro (Especificar)	

2. Através de que meios adquiriu terras? Assinale a opção correcta

	Meios de obtenção de terras	Assinale a opção correcta
1.	Herança dos pais	
2.	Comprado	
3.	Prenda	
4.	Outros (Especificar)........................	

3. Qual é a vossa superfície de produção vegetal (hectares)? Assinale a opção correcta

	Exploração total da terra em hectares	Espessura adequada
1.	Agricultor de maior dimensão (exploração superior a 5 hectares)	
2.	Médio agricultor (exploração superior a 2 e inferior/igual a 5 ha)	
3.	Pequeno agricultor/agricultor marginal (exploração inferior/igual a 2ha)	

4. Queira estimar o espaço ocupado pela produção de AIV nas suas terras agrícolas.

Assinale a opção correcta

	Proporção da superfície ocupada pela cultura de AIVs	Assinale a opção correcta
1.	≤ 10%	
2.	11-20%	
3.	21-30%	
4.	31-40%	
5.	41-50%	
6.	≥ 50%	

5. Qual o sistema de cultivo aplicado nas suas actividades agrícolas? Assinale a opção correcta

	Práticas de cultivo	Assinale a opção correcta
1.	Suporte puro	

2.	Culturas intercalares	

6. Forneça os nomes dos legumes indígenas africanos que cultiva e classifique-os por ordem de importância?

Classificação	Nome AIV	Produção da última época (kg)	Total consumido na última época (kg)	Vendas da época anterior (kg)	Receitas em relação à época anterior (KES)
1.					
2.					
3.					

7. Porque é que cultiva AIVs? Assinale a opção correcta

	Principal razão para o cultivo	Assinale a opção correcta
1.	Auto-consumo	
2.	Produtor contratado	
3.	Mercado disponível	
4.	Outros (especificar)................	

8. Há quantos anos cultiva AIVs?

Anos de experiência	Assinale a opção correcta
0-5 anos	
6-10 anos	
11-15 anos	
16-20 anos	
>20 anos	

9. Em que altura do ano cultiva os AIV? Assinale a opção correcta

	Período agrícola	Assinale a opção correcta
1.	Agricultura na estação seca	
2.	Agricultura em regime de sequeiro	
3.	Ambos	

10. Indicar as ferramentas de lavoura utilizadas para a preparação da terra na produção de AIV. Assinale *todas as opções* aplicáveis

	Ferramentas de preparação do terreno	Assinale a opção correcta
1.	Machado	

2.	Enxada	
3.	Machete	
4.	Carrinho de mão	
5.	Cultivo com charrua	
6.	Trator	
7.	Outros (especificar).................	

11. Aplica factores de produção na produção de AIVs? 1= Sim 0= Não

12. Assinale *todas as opções* **aplicáveis**

	Entradas utilizadas	Assinale a opção correcta
1.	Sementes melhoradas	
2.	Fertilizante inorgânico	
3.	Fertilizante orgânico	
4.	Pesticidas	
5.	Nenhum	

13. Se o fertilizante é um dos factores de produção que aplica, que tipo de fertilizante utiliza no cultivo de AIVs?

	Tipo de fertilizante	Assinale *todas as opções* aplicáveis	Tipo de fertilizante	Assinale *todas as opções* aplicáveis
1.	NPK		4. práticas de pousio	
2.	DAP		5. Estrume de quintal	
3.	Ureia		6. Adubo verde	
4.	Composto de estrume		7. outros (especificar)	

14. Se o controlo de pragas faz parte das suas actividades agrícolas, que tipo de pesticida utiliza no cultivo de AIVs?

	Tipo de pesticida	Assinale *todas as opções* aplicáveis	Nome do pesticida	Assinale *todas as opções* aplicáveis
1.	*Inseticida*		1. *Dimetoato*	
2.	*Fungicida*		2. *Cipermetrina*	
3.	*Produto tradicional*		3. *Tiodano*	
4.	*Nenhum*		4. *Ditano*	
			5. *Ridomil*	
			6. *Oxicloreto de cobre*	
			7. *Não aplicar pesticidas*	

15. Se não aplicar pesticidas, indicar os motivos

	Razões	Assinale a opção correcta
1.	O spray causa problemas de saúde	
2.	O spray é prejudicial para o ambiente	
3.	Falta de conhecimentos sobre a utilização de pesticidas	
4.	Os pesticidas são dispendiosos	
5.	Outros (Especificar)	

16. Compra os factores de produção? 1= Sim 0= Não

17. Se sim, onde é que os compra? Assinale *todas as opções* aplicáveis

	Fonte de abastecimento	Assinale a opção correcta
1.	Comerciantes de agro-químicos	
2.	Mercado	
3.	Outros (especificar)	

18. Em caso negativo, como é que os obtém? Assinale a opção correcta

	Fonte de abastecimento	Assinale a opção correcta
1.	Outros agricultores	
2.	Cooperativas	
3.	ONG	
4.	Subsídios governamentais	
5.	Outros (especificar)	

19. Que sistema de abastecimento de água aplica na produção de AIVs? Assinale *todas as opções* correctas

	Forma de abastecimento de água na agricultura	Assinale a opção correcta
1.	Agricultura de sequeiro	
2.	Irrigação por balde/baldes	
3.	Rega com regador	
4.	Métodos de conservação da água	
5.	Tubos de mangueira	
6.	Irrigação por sulcos	
7.	Irrigação por aspersão	
8.	Irrigação por gotejamento ou gota a gota	

20. As alterações climáticas afectam as suas actividades de produção de AIVs? 1=Sim 0=Não

21. Em caso afirmativo, qual é o efeito das alterações climáticas nos seus produtos? Assinale *todas as opções* aplicáveis

	Efeito das alterações climáticas	Assinale a opção correcta
1.	Inundações frequentes	
2.	Erosão dos solos	
3.	Erosão eólica	
4.	Degradação/esgotamento do solo	
5.	Seca	
6.	Doenças das plantas	

22. Que técnica de controlo de ervas daninhas aplica para livrar o seu jardim destas plantas problemáticas? Assinale a opção correcta

	Técnicas de monda aplicadas	Assinale a opção correcta
1.	Técnica de cobertura vegetal	
2.	Técnica de culturas de cobertura	
3.	Técnica de arranque de ervas daninhas	
4.	Técnica de escavação de ervas daninhas	
5.	Técnica de corte de ervas daninhas	
6.	Corte de bordos de jardim	
7.	Cerrar fileiras (plantas mais próximas)	
8.	Cortá-las à passagem (encorajar o crescimento de ervas daninhas antes de plantar o seu jardim)	
9.	Outros (especificar).....................	

23. Quais os principais métodos que utiliza para a colheita de AIV? Assinale a opção correcta

	Tipos/métodos de colheita de AIV	Assinale a opção correcta
1.	Arrancar a cultura	
2.	Colheita das folhas	
3.	Colheita das folhas e dos caules	
4.	Outros (especificar)...................	

24. Em que altura do dia procede à colheita de AIV? Assinale a opção correcta

	Período de colheita	Assinale a opção correcta
1.	Colher durante a parte fresca do dia (logo após o nascer do	

	sol)	
2.	Colher durante a parte fresca do dia (logo após o pôr do sol)	
3.	Tanto após o nascer como após o pôr do sol	

25. Como é que trata a sua colheita? Assinale *todas as opções* aplicáveis

	Manuseamento da colheita	Assinale a opção correcta
1.	Limpeza	
2.	Lavagem	
3.	Classificação/seleção para remover materiais pobres	
4.	Trituração	
5.	Produtos mantidos numa zona sombreada enquanto aguardam o acondicionamento	

26. Como é que embala o seu produto AIV? Assinale a opção correcta

	Modo de acondicionamento	Assinale a opção correcta
1.	Saco de plástico	
2.	Saco de juta	
3.	Saco de polietileno	
4.	Cesto	
5.	Caixa de plástico	
6.	Caixa de cartão	
7.	Caixa metálica	
8.	Caixa de vidro	
9.	Caixa de madeira	
10.	Outros (especificar)...............	

27. Vende AIV transformados? 1= Sim 0= Não

28. Em caso afirmativo, que técnicas de transformação/conservação aplica ao produto AIV? Assinale a opção correcta

	Técnicas de processamento aplicadas aos AIV	Assinale a opção correcta
1.	Secagem simples ao sol	
2.	Secagem ao sol e trituração em pó	
3.	Tecnologia de branqueamento/secagem solar	
4.	Outros (especificar)...............	

29. Qual o principal meio de transporte utilizado no seu produto AIV? Assinale a opção correcta

	Facilidade de transporte	Assinale a opção correcta
1.	Cabeça	
2.	Carrinho de mão/mkokoteni	
3.	Animal	
4.	Bicicleta	
5.	Motociclo	
6.	Carrinha/camioneta	
7.	Camião	
8.	Matatu/autocarro	
9.	Não é necessário transporte (os intermediários fazem a recolha)	
10.	Outros (especificar)...............	

30. Emprega trabalhadores permanentes e ocasionais na sua exploração? 1= Sim 0= Não

31. Em caso afirmativo, quantos trabalhadores permanentes e ocasionais trabalham na sua exploração?

	Categoria de trabalhadores	Número de trabalhadores	Salário mensal (KES)
1.	Trabalhadores permanentes		
2.	Trabalhadores temporários		

32. Onde é que vende a sua colheita? Assinale a opção correcta

	Loja de produtos agrícolas frescos	Assinale a opção correcta
1.	No terreno	
2.	Em casa	
3.	Mercados à beira da estrada	
4.	Mercados ao ar livre/húmidos	
5.	Supermercados	
6.	Cooperativas	
7.	Processadores/indústria	
8.	Intermediários	
9.	Retalhistas	
10.	Outros (especificar)....................	

33. Por favor, indique a que distância fica a sua casa: 1. do mercado mais próximo; 2. da loja Agrovet mais próxima

	Local	Distância (KM)
1.	Mercado mais próximo	

2.	Loja Agrovet mais próxima	

34. Alguma vez teve problemas na produção de AIVs? 1= Sim 0= Não

35. Em caso afirmativo, quais são os principais condicionalismos com que se depara na produção de AIV?

Assinale *todas as opções* **aplicáveis**

	Tipo de condicionalismo	Classificação *(Ver código)*
1.	Acesso a factores de produção agrícola	
2.	Pragas e doenças	
3.	Falta de tecnologias de conservação e de transformação	
4.	Falta de acesso ao mercado	
5.	Outros (especificar)..................	

Classificação: 1 = Mais grave 2= Razoavelmente grave 3= Menos grave

36. Recebeu alguma formação sobre a produção de produtos hortícolas em geral e sobre os AIV em particular? 1= Sim 0= Não

37. Em caso negativo, está disposto a participar numa formação para agricultores? 1= Sim 0= Não

A. Em caso afirmativo, em que domínio específico?
____

B. Em caso negativo, qual é a razão? _______________________________________

38. Qual é o seu objetivo em termos de produção de AIVs nos próximos 5 anos?

Assinale *TODAS as opções* **aplicáveis**

	Objetivo	Assinale todas as opções aplicáveis
1.	Duplicar as quantidades de produção	
2.	Aquisição de novas terras para aumentar a produção	
3.	Mudança para legumes exóticos	
4.	Associação de AIVs com vegetais exóticos	
5.	Mudança para outras culturas	
6.	Passagem para as culturas de rendimento	
7.	Criação de uma unidade de agro-processamento para AIVs (secagem solar)	
8.	Abrir uma ligação com os supermercados para fornecer AIV	

39. Sugerir o caminho a seguir para melhorar a produção e a utilização de AIV no Quénia. Assinale *TODAS as opções* aplicáveis

	Sugestões para melhorar a produção de AIVs	Assinale todas as opções aplicáveis
1.	Melhorar a disponibilidade dos factores de produção	
2.	Materiais de plantação de qualidade	
3.	Formação de produtores de AIVs	
4.	Sensibilização para o potencial dos AIV	
5.	Exploração agrícola Consolidação da utilização das terras para a produção de AIV	
6.	Outros (especificar).............	

Obrigado!

Assinatura do recenseador:.....................................

Printed by Books on Demand GmbH, Norderstedt / Germany